Du bist (eigentlich) ein Fisch

D1667566

Lars
Zu Weihnachten 2010
von Opa Dieter

# Keith Harrison

# Du bist (eigentlich) ein Fisch

## ein Fisch

Die erstaunliche Abstammungsgeschichte
des Menschen

Aus dem Englischen übersetzt von Martina Wiese

Spektrum
AKADEMISCHER VERLAG

**Titel der Originalausgabe:** Your Body – The Fish That Evolved
Aus dem Englischen übersetzt von Martina Wiese

Text Copyright © Dr. Keith Harrison 2007

Englische Originalausgabe erschienen bei:
Metro Publishing
an imprint of John Blake Publishing Ltd.

**Bibliografische Information der Deutschen Nationalbibliothek**
Die Deutsche Nationalbibliothek verzeichnet diese Publikation in der Deutschen Nationalbibliografie; detaillierte bibliografische Daten sind im Internet über http://dnb.d-nb.de abrufbar.

Springer ist ein Unternehmen von Springer Science+Business Media
springer.de

© Spektrum Akademischer Verlag Heidelberg 2008
Spektrum Akademischer Verlag ist ein Imprint von Springer

08   09   10   11   12          5   4   3   2   1

Planung und Lektorat: Dr. Ulrich G. Moltmann, Martina Mechler
Redaktion: Dr. Ingrid Haußer-Siller
Herstellung: Detlef Mädje
Umschlaggestaltung: wsp design Werbeagentur GmbH, Heidelberg
Satz: TypoStudio Tobias Schaedla, Heidelberg
Druck und Bindung: Krips b.v., Meppel

Printed in The Netherlands

ISBN 978-3-8274-2009-1

# Inhalt

# Vorwort

Kein Teil der Natur ist für uns selbstverständlicher oder persönlicher als unser eigener Körper – doch was wissen wir wirklich über ihn? Warum haben wir zwei Arme und zwei Beine und nicht etwa vier Arme oder sechs Beine? Warum haben wir Rippen im Brustbereich, aber nicht vor dem Bauch? Warum beugen wir Ellbogen und Knie in entgegengesetzte Richtungen (falls Ihnen das schon einmal aufgefallen sein sollte)? Dieses Buch versucht, Antworten auf diese und andere Fragen zu geben, während es unsere gemeinsame Entwicklungsgeschichte nachzeichnet und dabei nicht bei unseren Vettern, den Menschenaffen, beginnt, sondern bei unseren entfernteren Vorfahren – den Fischen.

# 1

## Der Stammbaum des Menschen

Die Entwicklung unseres Körpers setzte nicht erst ein, als unsere affenartigen Vorfahren die Bäume verließen. Zu jenem Zeitpunkt hatte er bereits eine lange Geschichte hinter sich, die noch vor der Evolution der ersten Fische vor 500 Millionen Jahren begonnen hatte. Von jenen Fischen stammen wir ab, genauso wie jedes andere Tier mit einer Wirbelsäule, das jemals existiert hat – von den kleinsten Fröschen und Eidechsen bis hin zu den größten Elefanten und Dinosauriern.

Nachdem in den Urmeeren die ersten Fische aufgetaucht waren, verbreiteten sie sich rasch. Einige wanderten ins Süßwasser ab und dann aufs Land. Die natürliche Selektion trat in Aktion und die ersten Amphibien entwickelten sich. Aus einigen Amphibien wurden die ersten Wirbeltiere, die auf trockenem Boden lebten – die Reptilien. Während eine Gruppe von Reptilien immer größere Körper entwickelte und zu den Dinosauriern wurde, entstanden aus anderen die ersten Säugetiere, die immer kleiner wurden. Als die Dinosaurier ausstarben und ihren Nachkommen, den Vögeln, die alleinige Lufthoheit überließen, nahmen die Säugetiere vom Erdboden und den Bäumen Besitz. Schließlich stellte sich eine Gruppe von Säugetieren aufrecht auf die Hinterbeine und verließ den Wald. Der Rest ist, wie man so sagt, Geschichte.

Hier soll nun erzählt werden, wie es zu dieser Geschichte kam. Auf dem Streifzug durch unsere Evolution werden wir unser Dasein als Fische erforschen und unsere Vergangenheit als Amphibien und Reptilien bis hin zu unserem Leben als Säugetiere nachverfolgen. Jede Station dieser Reise hat an unserem Körper ihre Spuren hinterlassen, und um unser heutiges Aussehen zu verstehen, müssen wir zunächst begreifen, woher wir gekommen sind.

Als Wirbeltiere können wir zahlreiche wichtige Teile unseres Bauplans bis zu den ersten Fischen zurückverfolgen, doch unser allgemeiner Körperaufbau ist sogar noch älter.

Vor 500 Millionen Jahren wimmelten die Meere von Tieren, doch sie alle waren Wirbellose. Viele ihrer Verwandten sind uns heute vertraut – Insekten, Spinnentiere und Krebstiere (deren Körper in harten miteinander verbundenen Schalen stecken), Weichtiere (darunter Venusmuscheln mit zwei durch ein Scharnier verbundenen Schalen, Schnecken mit einem spiralförmigen Gehäuse, Nacktschnecken und Kalmare mit innerer Schale, dem Schulp, sowie Kraken ohne Schale), Echinodermen oder Stachelhäuter (Seesterne, Seeigel, Seegurken), Gliederwürmer und ihre Verwandten (Regenwürmer, Seeringelwürmer, Wattwürmer, Blutegel), unsegmentierte Rundwürmer und Plattwürmer, Seeanemonen, Korallen und Quallen sowie unzählige andere, weniger bekannte Gruppen.

Doch dann geschah in diesen von wirbellosen Tieren wimmelnden Urmeeren etwas, das das Erscheinungsbild der

Natur für immer veränderte – eine Spezies entwickelte an der Längsachse ihres Körpers eine Leiste zur Versteifung. Ein Fisch war entstanden. Im Verlauf der natürlichen Selektion wurde diese Leiste später zu einer zusammenhängenden Reihe von Knochen, den Wirbeln, und so begann die lange und abenteuerliche Geschichte von uns Wirbeltieren. Noch haben die Wissenschaftler nicht herausgefunden, welcher Gruppe von Wirbellosen wir unser Rückgrat verdanken, das eine solch tragende Rolle in unserem Körper und unserem Denken spielt, dass wir davon in der Einzahl sprechen, obwohl es aus über 26 verschiedenen Knochen besteht, und es für uns gewissermaßen der Inbegriff von Stärke ist. So sagen wir: „Zeig endlich mal etwas Rückgrat!", wenn wir uns über die innere Schwäche eines Menschen ärgern. Doch auch wenn wir unseren wirbellosen Urahn noch nicht identifiziert haben, können wir doch einiges über seinen Körper sagen.

## Das Erbe unserer wirbellosen Vorfahren

Tierkörper können ganz unterschiedlich geformt sein. Manche erstrecken sich von einem Mittelpunkt strahlenförmig in alle Richtungen, wie etwa ein Seestern oder ein Korallenpolyp, aber die meisten besitzen zwei spiegelbildliche Körperhälften. Alles, was sie auf der einen Seite haben, haben sie auch auf der anderen, und viele Organe treten ebenfalls paarweise auf. Einzeln vorkommende Körperteile, wie der Darm, liegen normalerweise entlang der Mittellinie.

Das wirbellose Tier, aus dem sich ein Fisch entwickelte, besaß eine solche zweiseitig symmetrische oder bilateralsymmetrische Form. Demzufolge entwickelte sich jedes Wirbeltier, das jemals exisiert hat, wir eingeschlossen, nach diesem Muster. Wir besitzen jeweils ein Paar von Armen und Beinen, Augen, Ohren, Nasenlöchern, Lungen, Nieren sowie Eierstöcken oder Hoden, und auf der Mittellinie unseres Körpers liegt ein Gehirn (mit paarigen Anteilen), ein Rückgrat, ein Herz (das ein wenig nach links gerückt ist), ein Fortpflanzungsorgan und ein Darm (mit vielen Windungen, sodass er das Sechsfache unserer Körperlänge erreichen kann) mit einem Ein- und einem Ausgang.

Unsere frühen wirbellosen Vorfahren waren offensichtlich Tiere, die sich durch ihre Umgebung bewegten, da wir von ihnen auch einen Kopf (vorne) und einen Schwanz (hinten) geerbt haben, obwohl sich diese, seitdem wir aufrecht stehen, am oberen und unteren Ende befinden. Jedes Tier, das sich fortbewegt – sei es ein Wurm, ein Hummer oder eine Schnecke – hat Sinnesorgane am vorderen Ende entwickelt, also an dem Ende, das als Erstes mit seiner Umgebung in Kontakt kommt. Säßen alle Sinnesorgane am Schwanz, so würde dies die Überlebenschance nicht unbedingt erhöhen. Ein Tier muss erkennen, dass es Gefahr läuft, ins Maul eines Raubtiers zu kriechen, und nicht, dass es soeben hineingekrochen ist. Aus ähnlichen Gründen befindet sich auch die Mundöffnung eines Tieres normalerweise an der vorderen Seite des Körpers, sodass sie die Nahrung als Erste erreicht. Dies ist vor allem für Raubtiere wichtig, weil ihre Nahrung möglicherweise die Flucht ergreift, falls sie gewarnt wird (so kämen Löwen nicht allzu häufig in den Genuss einer Mahlzeit, wenn sie sich Zebras mit dem Hinterteil voran näherten).

Diese sinnvolle Anordnung hat in fast allen Tiergruppen zur Evolution eines Kopfes geführt, den wir Menschen als merkwürdig geformten Ball mit Stiel oben auf dem Rumpf balancieren, während er bei anderen Tieren weiterhin an der Vorderseite sitzt. Die meisten unserer Sinnesorgane befinden sich dort – fürs Sehen, Riechen, Schmecken und Hören – und dorthin befördern wir auch unsere Nahrung. Da von diesen Sinnesorganen so viele Informationen an die Nerven weitergeleitet werden, erfolgt die Verarbeitung dieser Informationen ebenfalls im Kopf. Aus diesem Grund hat sich dort das Gehirn entwickelt. All diese grundlegenden Merkmale unseres Körpers verdanken wir unserer wirbellosen Vergangenheit.

## Zeiträume

Dieses Buch ist erst wenige Seiten alt, und schon rede ich ganz selbstverständlich von Evolution, ohne den Begriff näher erläutert zu haben. Bevor wir mit der Geschichte fortfahren und uns mit unserer Zeit als Fisch beschäftigen, legen wir eine kurze Pause ein und ich beschreibe mit einfachen Worten den Zeitrahmen, um den es hier geht, sowie die Vorstellungen der Naturwissenschaft, Evolution und natürlichen Selektion, die uns helfen, uns selbst besser zu verstehen. Rücken wir die Evolution des Lebens zunächst einmal in die richtige Perspektive.

Die Erde ist etwa 4 550 000 000 Jahre alt. Wenn wir uns diese ganze Zeit als ein Jahr vorstellen, wobei die Erde am 1. Januar entstanden ist und der heutige Tag dem 31. Dezember um Mitternacht entspricht, dann erschienen die ersten mikroskopisch kleinen lebenden Zellen am 1. März; die urzeitlichen Fische – jene frühesten Wirbeltiere – tauchten jedoch erst am 21. November auf. Etwa 750 Millionen Jahre brauchte das Leben, um sich aus einfacheren chemischen Verbindungen zu entwickeln, und dann noch einmal über 3 Milliarden weitere Jahre (zwei Drittel des Erdalters), um die komplexe

Gestalt eines Fisches hervorzubringen. Danach überschlugen sich die Ereignisse, doch erst im Dezember besiedelten einige Fische das trockene Land. Am 2. Dezember erschienen die Amphibien, gefolgt von den Reptilien am 8. Dezember. Die Säugetiere tauchten am 13. Dezember auf und gleich nach dem Nachmittagskaffee des 26. Dezember starben die Dinosaurier aus. Die Menschen schließlich trafen am Abend des heutigen Tages ein, also erst vor wenigen Stunden.

# 2

## Wissenschaft, Religion und Gestein

In diesem Buch wollen wir die Geschichte des menschlichen Körpers erforschen. Da alles, womit wir dabei zu tun bekommen, von Generationen an Wissenschaftlern entdeckt worden ist, sollten wir vorab eine Minute oder zwei darauf verwenden, uns den Begriff „Wissenschaft" einmal genauer anzusehen.

Wie der Name schon sagt, bemüht sich die Wissenschaft um das Erlangen von Wissen. Auch der englische Begriff *science* ist aus dem lateinischen Wort für „Wissen" entstanden.*
Im Laufe der Geschichte haben sich die Menschen diesem Wissen jedoch auf unterschiedliche Weise angenähert. Die Gelehrten des mittelalterlichen Europa beobachteten die Welt

---

\* Der Begriff *science* ist etwas enger gefasst als der deutsche Begriff Wissenschaft und bezieht sich häufig nur auf die Naturwissenschaften. Wenn im Folgenden von „Wissenschaft" die Rede ist, so ist dies meistens in diesem engeren Sinne zu verstehen. (Anm. der Übers.)

um sie herum und stellten dann Theorien über die Ursachen der getroffenen Beobachtungen auf. Darauf versammelten sie sich und diskutierten über ihre Theorien, wobei sie versuchten, die anderen von ihrer Meinung zu überzeugen. Dieses Vorgehen, im Streitgespräch um eine allgemein anerkannte Erklärung zu ringen, kam schließlich aus der Mode und wurde im 17. Jahrhundert durch die aufkommende wissenschaftliche Methode ersetzt.

Die wissenschaftliche Methode ist ein Weg zur Erkenntnis, den man sich als Dreieck vorstellen kann. Zuerst beobachten wir das Universum (oder häufiger den Teil davon, der uns interessiert). Als Nächstes entwerfen wir eine Theorie, um zu erklären, was wir sehen – eine Hypothese. Bisher unterscheidet sich dies nicht von der alten Vorgehensweise, doch nun kommt ein neuer Schritt hinzu. Statt über die Stärken und Schwächen der Theorie zu debattieren, testen wir sie auf irgendeine Weise, und zwar üblicherweise in Form eines

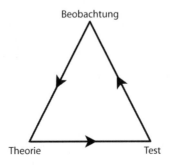

Die wissenschaftliche Methode

Experiments. Betrachten wir das Ergebnis des Experiments, so stehen wir wieder am Ausgangspunkt des Dreiecks, indem wir erneut eine Beobachtung machen.

Dieses Dreieck können wir so oft durchlaufen, bis wir davon überzeugt sind, den entsprechenden Sachverhalt verstanden zu haben, indem wir jedes Mal die Theorie modifizieren und neue Tests entwerfen.

Mittlerweile beherrscht die wissenschaftliche Methode in den meisten Kulturen das Feld, doch sie war durchaus keine neue Erfindung. Mit ihr wurde nur weitergeführt, was wir tagtäglich in unserem Leben tun. Stellen Sie sich beispielsweise vor, Sie gehen die Straße entlang und sehen vor sich einen faustgroßen haarigen braunen Ball auf dem Boden liegen. Dies ist eine Beobachtung (Schritt 1). Sie fragen sich, was das wohl ist, und vermuten, dass es sich um eine kleine Kokosnuss vom nahe gelegenen Supermarkt handeln könnte. Nun haben Sie eine Theorie: „Es ist eine Kokosnuss" (Schritt 2). Sie bücken sich, um den Ball genauer in Augenschein zu nehmen, und stoßen ihn mit dem Fuß an. Damit führen Sie ein Experiment durch, um die Theorie zu testen (Schritt 3). Während Sie das Ergebnis des Experiments beobachten (wieder Schritt 1), erwacht der Ball zu Ihrer Verblüffung plötzlich zum Leben und hüpft eilig auf die Büsche am Straßenrand zu. Ihre Theorie hat sich als falsch herausgestellt; darum stellen Sie nun eine neue Theorie auf – „Es ist ein kleines Tier" (wieder Schritt 2) – und folgen ihm, um mehr herauszufinden. Ob bewusst oder unbewusst – Sie wenden die wissenschaftliche Methode an. Sie sind ein Wissenschaftler.

Wir alle benutzen dieses Verfahren praktisch jeden Tag. So finden wir beispielsweise unsere Schlüssel nicht, glauben aber, dass sie sich in der Tasche unserer Jacke befinden, die wir am vergangenen Abend getragen haben. Also gehen wir hin, um nachzusehen – Beobachtung, Theorie, Test. Wir alle sind Wissenschaftler und waren es von Anfang an. Heute verwendet man das Wort Wissenschaft ausschließlich für besondere akademische Tätigkeiten in bestimmten Fachrichtungen, wie Astronomie, Geologie, Chemie, Genetik und viele andere mehr, und Personen, die für das Anwenden der wissenschaftlichen Methode bei ihrer Arbeit bezahlt werden, werden als „Wissenschaftler" bezeichnet. In Wirklichkeit aber sind wir alle Wissenschaftler.

Seit dem 17. Jahrhundert umgibt das Wort „Wissenschaft" eine mystische Aura, doch hier liegt ein Missverständnis vor. Wissenschaft ist nicht im Geringsten geheimnisvoll – sie ist nichts weiter als dieses Dreieck. Zwei Dinge lassen sie undurchschaubar erscheinen. Erstens sind die von den Fachleuten untersuchten Themen häufig äußerst kompliziert („Wie entstehen Sterne?" „Was befindet sich in einem Atom?" „Wie können sich Kontinente auf der Oberfläche einer festen Erde verschieben?") und zweitens verfügt jeder Wissenschaftszweig über einen eigenen, uns völlig unverständlichen Fachjargon, der uns möglicherweise einschüchtert und das Gefühl geben kann, ausgeschlossen zu sein.

Wissenschaftler, die so komplizierte Dinge wie die Entstehung von Sternen erforschen, spalten ihren Untersuchungsgegenstand in Hunderte verschiedener Beobachtungen und einfacher Theorien auf, um dann jede einzelne Theorie zu testen. Gelegentlich benötigen sie dazu eine komplizierte Ausrüstung, doch letztlich sind nur die Technik und der Untersuchungsgegenstand in seiner Gesamtheit kompliziert. Was den Jargon betrifft, so wird bei praktisch jeder menschlichen Betätigung ein eigenes Vokabular verwendet. Wer kann schon verstehen, wovon ein Kraftfahrzeugmechaniker redet, oder alle Werkzeuge benennen, mit denen ein Zimmermann arbeitet? In diesem Fall sind vermutlich zumindest andere Kraftfahrzeugmechaniker und Zimmerleute dazu in der Lage. Die Naturwissenschaft dagegen deckt ein so weites Feld (oder, genauer gesagt, so viele weite Felder) ab, dass sogar in ein und derselben Disziplin nur wenige Wissenschaftler verstehen, worüber ihre Kollegen sprechen. Ein Biologe, der sich mit der Klassifikation von Vögeln beschäftigt, und ein Biologe, der die Physiologie von Vögeln erforscht, sind gewissermaßen Wesen von verschiedenen Planeten. Keiner versteht die Fachbegriffe, die der andere verwendet, obwohl sie doch beide Biologen sind, die sich mit derselben Gruppe von Tieren beschäftigen. Man sollte die Wissenschaft nicht als einen geschlossenen Tätigkeitsbereich mit „Insidern" und „Outsidern" betrachten. Der überwiegende Teil der wissenschaftlichen Fachleute bezieht seine Informationen über die meisten wissenschaftlichen Neuigkeiten aus Zeitung und Fernsehen, ganz so wie der Rest der Menschheit.

## Was gehört nicht zur Wissenschaft?

Einige Themenbereiche fallen nicht unter den Oberbegriff der Wissenschaft, weil das Wissenschaftsdreieck auf sie nicht anwendbar ist. So führen uns unsere Beobachtungen der Welt möglicherweise zu der Annahme, es existiere eine höhere spirituelle Macht, ein Gott. Somit sind zwei Seiten des Dreiecks gegeben: eine Beobachtung und eine Theorie, um diese zu erklären. Doch sobald wir versuchen, uns einen Test auszudenken, haben wir ein Problem – denn mit welchem Experiment ließe sich die Theorie „Es gibt einen Gott" überprüfen? Bis heute ist noch niemandem ein solches Experiment eingefallen. Aus diesem Grund ist Religion keine Wissenschaft.

Einige Leute behaupten, die Wissenschaft sei ein Feind der Religion und fördere den Atheismus. Doch das stimmt nicht. Mit wissenschaftlichen Methoden lässt sich ebenso wenig beweisen, dass es keinen Gott gibt. Hierzu bräuchte man auch experimentelle Belege. Wie sagt man doch so schön – „Das Nichtvorhandensein eines Beweises ist kein Beweis für Nichtvorhandensein." Mit Wissenschaft lässt sich die Existenz oder Nichtexistenz eines Gottes nicht erforschen und somit kann sie darüber auch keine Aussagen machen. Hier handelt es sich um Glaubensfragen. Ein bekennender Atheist ist ebenso gläubig wie ein Bischof. Für einen Bischof ist es ein Glaubensgrundsatz, dass es einen Gott gibt; für einen Atheisten ist es ein Glaubensgrundsatz, dass es keinen Gott gibt. Die Wissenschaft kann keinem von ihnen helfen. Sie muss hier einen agnostischen Standpunkt einnehmen („agnostisch" kommt aus dem Griechischen und heißt so viel wie „ohne das Vermögen zu wissen"). Der einzige wissenschaftliche Weg, Gottes Existenz zu behandeln, lautet: „Dieser Frage lässt sich mit der wissenschaftlichen Methode einfach nicht beikommen, also versuche ich es gar nicht erst." Viele Wissenschaftler glauben an einen Gott; darin besteht keinerlei Widerspruch. Die Naturwissenschaften können nur das physische Universum erforschen, doch Wissenschaftler sind Menschen, und zwei wesentliche Grundzüge unseres Menschseins sind unsere Logik und unsere Intuition – zwei parallele Ansätze, mit denen wir unsere Weltsicht formen. Wissenschaft und Religion spiegeln diese beiden Ansätze wider. Sie können nebeneinander bestehen und gedeihen.

# Fossilien

Die wissenschaftliche Methode bei der Erforschung der Natur anzuwenden, ist nicht schwierig, wenn wir die Gegenwart untersuchen, wohl aber, wenn wir die Vergangenheit erforschen wollen (so gibt es keine Tonaufnahmen der Balzrufe von Dinosauriern). Das heißt jedoch nicht, dass es unmöglich ist, die Vergangenheit mit wissenschaftlichen Mitteln zu untersuchen. Solange sich eine Theorie testen lässt, kann man sie als wissenschaftlich bezeichnen; und dieser Test muss kein Laborexperiment sein – eine Vorhersage tut es auch. Haben sich zum Beispiel die Vögel aus Reptilien entwickelt, so sollten sich irgendwo im Gestein Fossilien finden lassen, die sowohl Reptilien- als auch Vogelmerkmale aufweisen. Paläontologen, die danach suchen, werden möglicherweise letztlich Erfolg haben. „Vögel haben sich aus Reptilien entwickelt" ist demnach eine testbare Theorie, auch wenn keiner weiß, wo man nach einem Beweis dafür suchen soll oder wie lange die Suche dauert.

In diesem Fall hat man bereits ein entsprechendes Fossil gefunden. Der 1861 in einem deutschen Steinbruch entdeckte *Archaeopterix* weist genau diese Mischung von Merkmalen auf. Ein Fossilienfund hängt jedoch häufig mehr vom Glück als vom Können ab. Die allerwenigsten Tiere und Pflanzen verwandeln sich nach ihrem Tod in Fossilien – vielmehr dienen sie als Nahrung, fallen Aasfressern zum Opfer oder verwesen. Nur ganz selten entgehen einige Reste der Zerstörung und versteinern. Selbst dann werden die meisten Fossilien irgendwann im Laufe der Erdgeschichte durch Erosion zerstört oder sind so tief unter der Erdoberfläche begraben, dass niemand etwas von ihrem Vorhandensein ahnt. Fossilien werden nur dann entdeckt, wenn jemand, der sich für sie interessiert, über Gestein stolpert, das sich im Erosionsprozess befindet, und die Zeichen zu lesen versteht oder wenn in Minen oder Steinbrüchen gegraben wird. Die Chancen, ein Fossil in dem kurzen Zeitraum zu entdecken, in dem es sichtbar ist, sind daher äußerst gering, und wir werden nie über ein vollständiges und genaues Verzeichnis aller Tiere und Pflanzen verfügen, die zu einer bestimmten Zeit oder an einem bestimmten Ort existiert haben. Paläontologie zu betreiben, gleicht dem Versuch, ein Fußballspiel zu analysieren, bei dem man nur die Schatten sieht und immer wieder Wolken die Sonne verdecken.

# 3

# Evolution, Darwin und die natürliche Selektion

Die Idee der Evolution ist nicht neu. In Europa lässt sie sich bis zu den alten Griechen vor über 2 500 Jahren zurückverfolgen. Jahrhundertelang lehnten die Christen diese Vorstellung ab, weil sie im Widerspruch zu den einleitenden Worten der Bibel stand, wonach Gott die Erde und alle auf ihr lebenden Arten, uns eingeschlossen, in sechs Tagen erschuf. Hier liegt die eigentliche Ursache für die angebliche Unvereinbarkeit von Wissenschaft und Religion. Die Wissenschaft widerspricht vielleicht nicht der Vorstellung, dass es einen Gott gibt, aber sie kann zeigen, dass das Universum nicht in sechs Tagen erschaffen wurde.

Zum Ende des 18. Jahrhunderts, als die Wissenschaft in Europa immer größere Bedeutung erlangte und immer mehr Naturforscher die Welt um sich her untersuchten, erörterte man immer häufiger die Möglichkeit, dass sich das Erscheinungsbild einer Spezies mit der Zeit wandeln könnte. Neben dem Widerstand der Religion verhinderten zwei weitere Probleme, dass die Idee akzeptiert wurde – die enorme Zeitspanne, die eine solche Evolution beanspruchen würde, und die Tatsache, dass sich niemand vorstellen konnte, wie sie funktionierte. Damals glaubte man noch, die Erde sei nur wenige tausend Jahre alt und damit nicht alt genug für derartige evolutionäre Auswirkungen. Um das Jahr 1800 erkannte man, dass die komplexe geologische Struktur der Welt in Wahrheit den unvorstellbar langsam fortschreitenden Aktivitäten von Vulkanen, Sedimentierung und Verwitterung unterworfen war, genau wie wir es heute auch feststellen können. Dies brachte die Wissenschaftler zu dem Schluss, die Erde müsse bedeutend älter sein, als sie geglaubt hatten. Auf dieser Grundlage konnte man die Idee der Evolution nun eher in Betracht ziehen.

Die für die Evolution signifikanten Zeiträume sind für den menschlichen Geist wahrhaftig nicht fassbar. Selbst heute, wo wir leichthin über Hunderte von Millionen Jahren reden – wie ich es gleich zu Beginn des Buches getan habe – ist unser Gehirn einfach nicht in der Lage zu begreifen, was das bedeutet. Um ein subjektives Beispiel zu geben (was mir die Nicht-Christen unter den Lesern verzeihen mögen): Die meisten von uns stimmen wohl darin überein, dass sie die Spanne zwischen unserer heutigen Zeit und der vor 2000 Jahren, in der Christus lebte, als sehr lang empfinden. Das war gewissermaßen schon in grauer Vorzeit, doch wenn wir unsere Augen schließen, können wir uns diesen Zeitraum vermutlich irgendwie vorstellen. Bitte ich Sie nun, sich um 10000 Jahre zurückzuversetzen, so müssen Sie sich eine Zeitspanne vorstellen, die fünfmal so lang ist wie die zwischen uns und Christus. Nun befinden wir uns wirklich weit in der Vergangenheit. Von den Ereignissen, die in irgendwelchen Geschichtsbüchern verzeichnet sind, hat noch keines stattgefunden. Unsere Urahnen hacken noch an Feuersteinen herum und werden dies noch mehrere Jahrtausende lang tun. Dieser Zeitabstand ist schon sehr viel schwerer vorstellbar, aber irgendwie gelingt uns auch das noch.

Nun aber sollen Sie an eine Zeitspanne denken, die 2 000-mal so lang ist wie die zwischen uns und Christus! Ein solch riesiger Zeitraum ist kaum noch zu erfassen. Er verliert sich weit in der Ferne, weit jenseits unseres geistigen Horizonts – und doch geht es nur um eine Spanne von 4 Millionen Jahren. Damals waren unsere Vorfahren kurz davor, die Bäume zu verlassen und über die afrikanischen Ebenen zu wandern, um Fußabdrücke zu hinterlassen, die von unseren praktisch nicht mehr zu unterscheiden sind. Aus geologischer Sicht ereignete sich dies erst vor wenigen Stunden. Die riesigen Dinosaurier verschwanden vor 65 Millionen Jahren und hatten die Erde zuvor 140 Millionen Jahre lang beherrscht – doch auch sie waren Neuankömmlinge. Leben gibt es auf diesem Planeten seit über 3 500 Millionen Jahren. Die Evolution vollzieht sich sehr, sehr langsam, aber es gab auch nie Anlass zur Eile.

## Darwin

1859 veröffentlichte Darwin sein Buch *On the Origin of Species by Means of Natural Selection* (*Über die Entstehung der Arten durch natürliche Zuchtwahl*). Die natürliche Selektion war der Mechanismus, mit dem Darwin glaubte, die Evolution erklären zu können. In seinem Buch machte er einige entscheidende Beobachtungen: Die Ressourcen in der Natur (wie Nahrung oder Lebensraum) sind begrenzt. Um sie entsteht ein Wettstreit. Und die Individuen jeder Spezies unterscheiden sich geringfügig voneinander.

Nach Darwin verschaffen in einem Wettstreit, bei dem die Konkurrenten unterschiedliche Eigenschaften aufweisen (ein Leopard kann etwas schneller rennen als ein anderer, eine Maus hat ein etwas helleres Fell als eine andere), einige Eigenschaften den Konkurrenten einen Vorteil und andere nicht. Bei einem Kampf ums Dasein – wie er es ausdrückte – könnten die vorteilhaften Eigenschaften dazu beitragen, dass ihr Besitzer, und somit auch die Eigenschaft, überlebt. Auf diese Weise selektioniert die Natur automatisch einige Merkmale, diese überleben und werden an die nachfolgende Generation weitergegeben. Im Verlaufe dieses Prozesses der natürlichen Selektion, bei dem manche Eigenschaften von einer Generation auf die nächste übergehen und andere verschwinden, verändert sich die Spezies mit diesen Eigenschaften nach und nach – eine Evolution vollzieht sich.

Darwin wird oft als der Vater der Evolution bezeichnet. In Wahrheit war er der Vater der natürlichen Selektion, die dafür sorgt, dass die Evolution funktioniert. Seit Erscheinen seines Buches sind seine Ideen ausführlich überprüft worden und seine Theorie ist schon lange keine Theorie mehr. Evolution und natürliche Selektion betrachtet man mittlerweile als Tatsachen.

## Natürliche Selektion

Die natürliche Selektion verändert das durchschnittliche Erscheinungsbild einer Spezies, nicht einzelne Tiere. Um es ganz einfach auszudrücken: Stellen wir uns eine Herde Gazellen vor, bei der sich die Beinlänge jedes einzelnen Tieres geringfügig von der der anderen unterscheidet. Es gibt also langbeinige Gazellen und kurzbeinige Gazellen (genauso gut könnte es sich um einen Raum voller Menschen mit unterschiedlicher Körpergröße handeln, aber dann wäre das, was jetzt kommt, nicht so leicht zu verkraften). Werden alle Gazellen mit den kürzesten Beinen von Löwen erbeutet und gefressen, weil sie nicht schnell genug laufen können, so überleben nur die Gazellen mit den längeren Beinen. Weil die kurzbeinigen Gazellen nicht lange genug gelebt haben, um Nachwuchs hervorzubringen, bekommen nur die langbeinigen Gazellen Junge. Demzufolge ist die Wahrscheinlichkeit recht hoch, dass *alle* Gazellen der nächsten Generation eher lange Beine haben. Bei keiner einzigen Gazelle sind die Beine gewachsen, doch die durchschnittliche Beinlänge der Herde hat zugenommen. Es hat eine Evolution stattgefunden. Demnach wirkt sich die Evolution über die Fortpflanzung aus – die in einer Generation auftretende natürliche Selektion beeinflusst das Erscheinungsbild der nachfolgenden Generation.

## Natürliche Selektion von Verhalten

Einige von der Natur selektierte Eigenschaften sind keine genetisch gesteuerten Merkmale, sondern Verhaltensmuster. Wenn eine Gruppe von Tieren (frühe Menschen eingeschlossen) zur selben Zeit am selben Wasserloch zu trinken pflegt wie Raubtiere und zwischen den Mitgliedern der Gruppe eine Rangelei um die besten Plätze entbrennt, sodass sie unachtsam werden, leben sie wahrscheinlich nicht lange genug, um dieses Verhalten (bewusst oder durch ihr Vorbild) an ihre Nachkommen weiterzugeben. Ja, vermutlich leben sie nicht einmal lange genug, um überhaupt Nachkommen zu haben. Eine Gruppe, die dagegen die Raubtiere zuerst trinken lässt, wartet, bis diese sich wieder zurückgezogen haben, bevor sie selbst zum Wasserloch wandert, und dazu noch Späher aufstellt, wird möglicherweise überleben und kann dieses Verhalten dann an die nächste Generation weitergeben.

Um die Sache noch komplizierter zu machen, gibt es Merkmale, die Verhaltensmuster sind *und* von den Genen gesteuert werden. Dabei handelt es sich nicht um erlernte, sondern um ererbte Verhaltensmuster. Beispiele sind die angeborenen Fähigkeiten eines Neugeborenen zu saugen und zu schreien sowie sein Greifreflex. Ganz kleine Babys ergreifen einen Finger ganz fest mit der Faust und können sogar ihr eigenes Körpergewicht tragen, lange bevor sie die Gelegenheit haben, dies zu erlernen. Die Ursprünge dieses Verhaltens werden uns sofort klar, wenn wir andere Primaten beobachten, die ihre neugeborenen Jungen auf dem Rücken tragen, welche sich mit den Händen am Fell der Mutter festklammern.

Die buchstäblich universelle Angst des Menschen vor der Dunkelheit fällt möglicherweise ebenfalls unter die Kategorie ererbten Verhaltens. Vor Hunderttausenden von Jahren, als die Menschen noch im Freien lebten, wo sie von Raubtieren umgeben waren, war diese Angst sicherlich von großem Vorteil. Es wäre keine gute Überlebensstrategie gewesen, mitten in der Nacht umherzustreunen, ohne zu sehen, wer oder was sich in der Nähe befand, oder ohne ein Licht in dunkle Höhlen hineinzustolpern. Diejenigen Individuen, die die Dunkelheit fürchteten und nach der Abenddämmerung an einem sicheren Ort blieben, überlebten die Nacht mit größerer Wahrscheinlichkeit und konnten diese Angst (falls sie sich in den Genen befindet) an ihre Kinder und letztlich an uns weitergeben. Heutzutage ist das Zuhause in den meisten Kulturen auch nach Sonnenuntergang kein gefährlicher

Ort mehr, aber die natürliche Angst vor dem Dunkeln ist uns erhalten geblieben und nahezu jeder bisher gedrehte Horrorfilm hat sie sich zunutze gemacht.

## Survival of the fittest

„Survival of the fittest" ist ein häufig verwendeter Begriff, wenn über die Evolution geredet wird. Damit ist nicht das Überleben der Fittesten gemeint, sondern das Überleben derjenigen Tiere oder Pflanzen, die am besten an ihre Umwelt angepasst sind. In unserem Beispiel mit den Löwen und Gazellen überlebten die langbeinigen Gazellen, weil ihre Körper am besten an die lebensnotwendige Fähigkeit zu fliehen angepasst waren.

Im Laufe der Geschichte haben manche Tierpopulationen jedoch nicht deshalb überlebt, weil sie das beste Rüstzeug dazu besaßen, sondern weil anderen Mitgliedern ihrer Spezies etwas zustieß, wovon sie selbst verschont blieben, sodass nur sie ihre Gene weitergeben konnten. In diesem Falle müsste man wohl eher von „Survival of the luckiest", also vom Überleben der größten Glückspilze, sprechen. Genau dies passierte im Nordpazifik mit der Population der Nördlichen See-Elefanten. Im 19. Jahrhundert wurde diese Spezies durch den Menschen beinahe ausgerottet, bis 1890 nur noch weniger als 20 Individuen übrig waren. Diese Handvoll Tiere waren nicht etwa so gut angepasst, dass sie schwer zu jagen waren – sie waren einfach diejenigen, die als Letzte an die Reihe gekommen wären, bevor man die Jagd auf sie verbot.

Sie wurden jedoch nicht abgeschlachtet, sondern unter Schutz gestellt, und so zählen zu ihren Nachkommen mittlerweile wieder über 30 000 Individuen. Freilich stammen nun alle in der Spezies vorhandenen Gene von weniger als 20 Tieren, und darum hat die genetische Variation gegenüber früher sehr stark abgenommen. Die Gene dieser Spezies sind gewissermaßen durch einen sehr engen Flaschenhals gepresst worden und die meisten von ihnen haben diese Prozedur nicht überlebt. Demzufolge ist das Rohmaterial für die natürliche Selektion dramatisch geschrumpft, was die Evolution der Spezies zwangsläufig beeinträchtigen wird.

In Afrika haben die Geparden vor einigen tausend Jahren anscheinend ebenfalls einen solchen genetischen Flaschenhals passiert. Die modernen Geparden weisen eine so geringe genetische Variation auf, dass die Population aus irgendeinem Grund irgendwann auf einige wenige Individuen reduziert worden sein muss.

Fassen wir zusammen: Über die natürliche Selektion (und zuweilen auch Katastrophen) erfolgt unter den Individuen einer Generation eine Auslese. Die natürliche Selektion eliminiert einige von ihnen, bevor sie sich fortpflanzen können; bei manchen Individuen verhindert sie die Fortpflanzung und bei anderen begünstigt sie sie. Auf diese Weise erbt die nachfolgende Generation nur selektierte Merkmale, welche ihrerseits Aussehen und Funktionen der Spezies verändern. Da viele dieser Merkmale von unseren Genen gesteuert werden, sollten wir kurz darüber nachdenken, was Gene eigentlich sind.

# 4

## Gene

„Gen" leitet sich vom altgriechischen Wort für Ursprung oder Geburt ab (wie auch „Genealogie" oder „Genesis"). Gene sind vererbte Anleitungen, die dem Körper sagen, wie er sich aufbauen und erhalten soll. Diese Anleitungen können sich auf innere Vorgänge beziehen, wie beispielsweise auf die Produktion von Enzymen im Darm, oder auf augenscheinliche Dinge wie Körpergröße oder die Form unserer Nase.

Jedes Gen ist eine kurze Kette von Molekülen. Diese sind an den Enden miteinander verbunden und bilden Stränge von DNA oder Desoxyribonucleinsäure; diese Säure befindet sich im Zellkern oder Nucleus (also eine „Nucleinsäure") und enthält den Zucker Ribose, bei dem ein Sauerstoff- oder Oxygen-Atom fehlt (darum „Des-oxyribo-").

Diese DNA-Stränge finden sich in den Zellkernen der meisten Zellen; der menschliche Körper enthält etwa hundert Billionen ($100\,000\,000\,000\,000$ oder $10^{14}$) Zellen, die alle den vollständigen Satz an Genen in sich tragen, die für den Aufbau und die Funktionen des Körpers benötigt werden. Eine Zelle im Auge enthält demnach auch die Gene zur Herstellung eines Magens oder einer Kniescheibe, selbst wenn diese niemals verwendet werden. Das ist so, als würden in jeder Bibliothek auf der Welt die Stadtpläne sämtlicher Städte stehen, auch wenn sich die meisten Bibliotheksbesucher nur für die Stadtpläne aus ihrer unmittelbaren Umgebung interessieren.

Beim Menschen befinden sich in jedem Zellkern 46 DNA-Stränge, die zusammen über zwei Meter lang sind und etwa 24 000 Gene enthalten. Diese 46 DNA-Stränge sind paarweise angeordnet. Das rührt daher, dass wir die Paarhälften jeweils von unseren beiden Elternteilen bekommen – 23 vom Ei der Mutter und 23 von der Samenzelle des Vaters. Stellen Sie sich vor, man bekommt von den Eltern zum Geburtstag 46 Socken geschenkt, wobei man von der Mutter 23 unterschiedliche Exemplare erhält und vom Vater ebenso – wenn man sie aber zusammenlegt, ergeben sich 23 passende Paare.

Beide Stränge eines Paares enthalten Gene für unsere Körpermerkmale – Haarfarbe, Augenfarbe, Armlänge. Die Stränge sind gewissermaßen Zwillinge, was bedeutet, dass wir alle für die meisten Merkmale nicht nur ein, sondern zwei Gene erben, doch wie dies in der Praxis funktioniert, ist für unsere Zwecke hier unerheblich.

Zu bestimmten Zeiten im Leben einer Zelle rollt sich der DNA-Strang wie ein aufgewickeltes Seil zusammen und bildet eine kürzere, dickere Struktur, die von den frühen Naturforschern Chromosom genannt wurde (griechisch für „farbiger Körper", weil Zellen zu den Zeiten, als das Mikroskop noch in den Kinderschuhen steckte, unterschiedlich eingefärbt wurden, um sie sichtbar zu machen, und die Chromosomen dann manchmal wie kurze dunkle Bänder wirkten. Heute bezeichnen wir die Stränge immer als Chromosomen – egal, ob sie dicht verknäult sind oder nicht). Diese aufgedrehten „farbigen Körper" entstehen, wenn die Zelle beim Gewebewachstum, bei der Wundheilung oder bei Ersatz und Austausch von Zellen unmittelbar vor der Teilung steht.

Die meisten Zelltypen werden fortwährend ersetzt. Ständig wird alte Haut abgestoßen, während sich darunter schon die neue Haut bildet, und rote Blutkörperchen (die Sauerstoff durch den Körper transportieren) haben lediglich eine Lebensdauer von etwa 120 Tagen. Jeder Mensch besitzt unzählige rote Blutkörperchen (ein großer Blutstropfen enthält ungefähr 500 Millionen); *täglich* werden 170 Milliarden (170 000 000 000) neue rote Blutkörperchen in unserem Knochenmark gebildet und ersetzen diejenigen, die von Milz, Leber und (wiederum) vom Knochenmark zerstört, oder besser, recycelt werden. Bei der Spende von einem halben Liter Blut verliert der Körper etwa zweieinhalb Billionen (2 500 000 000 000) rote Blutkörperchen und benötigt ungefähr 50 Tage, um sie zu ersetzen. (Es werden nicht etwa nur 15 Tage benötigt, denn die Rechnung „170 Milliarden pro Tag mal 15 = 2,5 Billionen" ist hier nicht gültig. Die gespendeten Zellen gehen dem Körper verloren und lassen sich nicht mehr recyceln. Blutspender müssen sich mit der Nahrung neue Rohmaterialien zuführen, bevor sie erneut rote Blutkörperchen bilden können.)

Wie auch die anderen Körperzellen besitzen die roten Blutkörperchen der meisten Tiere einen Zellkern, der DNA enthält, doch Säugetiere, uns eingeschlossen, verlieren den Zellkern des roten Blutkörperchens bei der Bildung der Zelle. Aus diesem Grunde können Gerichtsmediziner feststellen, ob ein Blutfleck von einer Person stammt oder von dem Hähnchen, das fürs Abendessen zubereitet wurde.

Wenn sich bei der Neubildung von Haut, Blut oder beliebigem anderen Körpergewebe Zellen vermehren, müssen auch die Chromosomen und somit die Gene in jede neue Zelle kopiert werden. Die Gene werden in eine Eizelle kopiert, die im Eierstock einer Frau heranreift, oder in eine Samenzelle, die in den Hoden eines Mannes gebildet wird. Sie werden kopiert, wenn sich eine Zelle teilt und zwei neue Zellen bildet, wie es beispielsweise geschieht, wenn eine befruchtete Eizelle im Mutterleib zu wachsen beginnt. Wenn ein Baby fertig ausgebildet ist, sind alle seine Gene bereits unzählige Male kopiert worden.

## Mutationen

In Science-Fiction-Geschichten sind Mutanten unweigerlich finstere Gestalten. Doch in der wirklichen Welt bedeutet „Mutation" nichts weiter als „Veränderung". Gene werden im Laufe des Wachstums und beim Weiterreichen von Generation zu Generation kopiert, und immer, wenn etwas kopiert wird, schleichen sich unbeabsichtigte Kopierfehler ein. So ähnlich war es auch in einer alten Anekdote aus dem Ersten Weltkrieg. Dort senden die Offiziere an vorderster Front die folgende Botschaft ans Hauptquartier: *„Send reinforcements, we are going to advance."* („Verstärkung schicken, wir rücken vor.") Die Botschaft wird nicht niedergeschrieben, sondern mündlich von einem Schützengraben zum nächsten weitergegeben, bis sie ihren Bestimmungsort erreicht. Leider hat sie sich auf ihrem Weg verändert und lautet nun: *„Send three and four pence, we are going to a dance."* („Drei Shilling und vier Pence schicken, wir gehen zum Tanz.") Bemerkenswert daran ist, dass sich die Botschaft nicht in komplettes Kauderwelsch verwandelt hat. Nach wie vor handelt es sich um eine sprachlich logische Äußerung, die aber nun für die betreffende Situation keine Relevanz besitzt und mit der ursprünglichen Botschaft nichts mehr zu tun hat. Das Problem ergab sich, weil die Botschaft, genau wie Gene, immer wieder kopiert wurde.

Die Mutation eines Gens kann sich unterschiedlich auswirken – das Gen stellt seine Arbeit ein (was bei einer Eizelle, einer Samenzelle oder einem Embryo, falls das Gen entsprechend wichtig ist, zum Tod des Embryos führen kann), oder die Mutation hat keine weitreichenden Konsequenzen, oder sie bewirkt möglicherweise sogar, dass das Gen effektiver wird. Da es sich um eine zufällige Änderung handelt, können die Auswirkungen sehr verschieden sein. Genau wie die Botschaft aus den Schützengräben wird das Gen vielleicht nicht völlig zerstört oder entstellt, sondern erledigt nur seine ursprüngliche Aufgabe nicht mehr. Ob es in seiner veränderten Form in der Population überlebt, hängt davon ab, ob diese neue Form seinem Besitzer schadet. Ein mutiertes Gen, das seinen Besitzer schon im Mutterleib tötet, stirbt ebenfalls. Es wird niemals von einer anderen Person ererbt und verschwindet spurlos. Andere Mutationen dagegen sind möglicherweise von Nutzen und breiten sich zügig in der Population aus.

Betrachten wir eine weitere Analogie. Gene sind Anleitungen. Sie sind wie ein Kuchenrezept mit dem Körper als Kuchen. Stellen wir uns ein eher langweiliges Kuchenrezept vor, wonach 100 Gramm bittere Konfitüre in den Teig zu geben sind. Nicht jeder mag bittere Konfitüre. Dem Kuchen ist ein nur mäßiger Erfolg beschieden, und nur wenige möchten eine Kopie des Rezepts haben. Eines Tages bittet jemand darum und überträgt das Rezept in sein Notizbuch, hat aber Probleme, die Handschrift richtig zu entziffern. So schreibt er „Kuvertüre", also Schokolade, statt „Konfitüre". Der Kuchen wird gebacken und enthält nun statt bitterer Konfitüre 100 Gramm bittere Kuvertüre. Der Kuchen schmeckt köstlich, und alle reißen sich um das Rezept. Plötzlich kursieren in der Welt statt fünf Kopien des Rezepts 500, dann 5000 und bald sogar 5 Millionen. Der Kopierfehler, die Mutation, hat dem Rezept einen immensen Erfolg beschert und der Kuchen ist in aller Munde.

Das Gleiche kann mit Genen passieren, ohne dass die Veränderung offenkundig vorteilhaft ist. Einmal hat es eine Mutation im Blut gegeben, die überhaupt keinen Nutzen zu haben scheint, doch genau wie das Kuchenrezept war sie äußerst erfolgreich – bei den meisten von uns entscheidet sie darüber, welche Blutgruppe wir haben.

## Blutgruppen

Auf der Oberfläche jedes roten Blutkörperchens befinden sich Moleküle, die man Antigene nennt, und zwar zwei Typen – Typ A und Typ B. Den Typ, den unser Blut aufweist, haben wir von unseren Eltern geerbt und er bestimmt unsere Blutgruppe. Zur Klassifizierung der Blutgruppen verwendet man die Kürzel A, B und 0 (Null), wobei 0 bedeutet, dass weder A- noch B-Antigene vorhanden sind.

In der frühen Geschichte unserer Spezies produzierte jedes Blutgruppengen entweder A oder B. Erbte ein Kind ein A-Gen von der Mutter und ein A-Gen vom Vater, so hatte es Blutgruppe A. Erbte es zwei B-Gene, so hatte es Blutgruppe B. Erbte es je eins von beiden, so hatte es Blutgruppe AB. Irgendwann in der Vergangenheit jedoch mutierte eins dieser Gene, sodass es gar kein Antigen mehr produzierte. Obgleich man sich nicht unbedingt vorstellen kann, dass dies für den

Besitzer von irgendwelchem Nutzen war, verbreitete sich die Mutation in der gesamten menschlichen Spezies und ist mittlerweile die häufigste Form des Gens.

Demzufolge gibt es nun eine sehr viel größere Bandbreite an Blutgruppen als früher. Erhalten wir heute von beiden Elternteilen ein Gen, dass das Antigen A produziert, so besitzen wir nach wie vor zwei A-Gene (AA) und haben Blutgruppe A. Erhalten wir dagegen von einem Elternteil ein Gen, das A produziert, und vom anderen Elternteil ein Gen, das nichts produziert, so besitzen wir die Gene A0; bei einer Blutuntersuchung würden wir jedoch weiterhin positiv auf das Antigen A getestet und hätten darum trotzdem Blutgruppe A. Es gibt also jetzt zwei Möglichkeiten, Blutgruppe A zu haben (sogar drei, wenn wir zwischen den Möglichkeiten differenzieren, dass das einzelne A von der Mutter oder vom Vater übertragen wird – AA, A0 oder 0A). Das Gleiche gilt für Blutgruppe B.

Es ist nach wie vor möglich, vom einen Elternteil ein A zu erhalten und vom anderen ein B, sodass wir Blutgruppe AB haben (was inzwischen sehr selten geworden ist), aber wenn wir von beiden Elternteilen das 0-Gen erhalten (00), produzieren wir kein Antigen mehr und haben Blutgruppe 0. Obwohl es demnach nur eine Möglichkeit gibt, Blutgruppe 0 zu bekommen, ist dies die häufigste Blutgruppe. Das liegt daran, dass die meisten Elternteile mit Blutgruppe A entweder A0- oder 0A-Gene und nicht etwa AA-Gene besitzen und die meisten mit Blutgruppe B entweder B0- oder 0B-Gene und nicht etwa BB-Gene. Addiert man diese zu den Elternteilen mit 00-Genen, so stellt man fest, dass Gene, die kein Antigen produzieren, am häufigsten vorkommen.

Dieses mutierte Gen kann also bewirken, dass ein Kind eine Blutgruppe hat, die sich von den Blutgruppen beider

Elternteile grundlegend unterscheidet. Beispielsweise können beide Eltern Blutgruppe A haben und das Kind Blutgruppe 0:

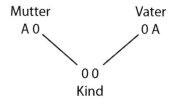

Es ist auch möglich, dass ein Elternteil Blutgruppe A hat und der andere Blutgruppe B, das Kind jedoch Blutgruppe AB oder 0:

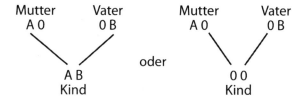

Das Kind im letzten Beispiel könnte auch Blutgruppe A (A0) oder Blutgruppe B (0B) haben, aber niemals AA oder BB. Welche der Möglichkeiten Wirklichkeit wird, ist reiner Zufall. Das hängt davon ab, welches Gen der Mutter sich in der befruchteten Eizelle befindet – ihr A-Gen oder ihr 0-Gen – und welches Gen in der siegreichen Samenzelle des Vaters – sein B-Gen oder sein 0-Gen –, denn nur ein Chromosom aus jedem Paar ist in einer Ei- und einer Samenzelle enthalten.

Hätten die Eltern aus unserem Beispiel mehrere Kinder, so könnten sich auch diese unterscheiden.

Die unterschiedlichen Blutgruppen verteilen sich folgendermaßen auf die heutige Bevölkerung Großbritanniens (die Verteilung für die USA steht in eckigen Klammern). Gruppe 0: 45% [45%], Gruppe A: 43% [40%], Gruppe B: 9% [11%], Gruppe AB: 3% [4%]. Hierbei ist jedoch zu bedenken, dass die Bevölkerungen Großbritanniens und der USA großenteils aus Einwanderern bestehen. (Wer sich in Großbritannien über die Einwanderungswellen beklagt, die die traditionelle angelsächsische Kultur untergraben, vergisst in der Regel, dass eben jene Angeln und Sachsen auch nichts anderes als Einwanderer waren. Ohne Einwanderung gäbe es keine angelsächsische Kultur. England verdankt seinen Namen buchstäblich nicht seinen Eingeborenen, sondern seinen Immigranten – Angel-Land.) In den Einwanderungsländern Großbritannien und USA haben sich die Gene für die Blutgruppen demnach stark vermischt; die ursprüngliche Verteilung der Blutgruppen bei den keltischen Ureinwohnern der Britischen Inseln oder bei den Indianern Nordamerikas lässt sich an ihnen nicht mehr ablesen.

Da bei den nordamerikanischen Indianern ursprünglich die Blutgruppe B praktisch nicht vorkam, hat man vermutet, dass sie alle von einer kleinen Gruppe von Individuen abstammen, die während der letzten Eiszeit von Asien über die Beringstraße nach Nordamerika gewandert sind und von deren Mitgliedern zufällig niemand die Blutgruppe B hatte. Diese Situation erinnert an die oben erwähnte Geschichte der Nördlichen See-Elefanten, nur dass der restliche Teil der Menschheit nicht ausgestorben war. Diese Art von Flaschenhals, bei der eine Gruppe von einer kleinen Zahl an Individuen abstammt, die sich von der Hauptgruppe abgespalten haben, bezeichnen die Wissenschaftler als „Gründerpopulation".

## Gen-Teams

Bei den Blutgruppen geht es schon kompliziert zu, aber bei den meisten unserer Gene ist die Lage noch unüberschaubarer. Möglicherweise werden nur wenige Merkmale von nur einem Gen (oder, genauer, von nur einem Genpaar) gesteuert, das wir dann bequemerweise als „Augenfarbengen" oder „Körpergrößengen" bezeichnen könnten. Anscheinend sind bei den meisten Eigenschaften viele Gene am Endergebnis beteiligt, und zwar, indem sie interagieren. Man weiß mittlerweile, dass die Augenfarbe von mindestens drei verschiedenen Genpaaren beeinflusst wird, wobei es jedoch Anhaltspunkte dafür gibt, dass noch viel mehr ihre Hände im Spiel haben. Die Hautfarbe wird ebenfalls von mehreren Genen bestimmt, und vermutlich trifft das für die meisten Körpermerkmale zu.

Doch damit nicht genug der Komplexität. Man darf den Körper nicht einfach als Maschine betrachten, die von Genen programmiert und dann gewissermaßen aus vorgefertigten Einzelteilen zusammengeschraubt wird. In biologischen Systemen, wie wir es sind, sind die Komponenten nicht starr und tot wie die Teile eines Motors. Nicht nur die Gene kooperieren, um die Untereinheiten unseres Körpers aufzubauen – während unserer embryonalen Entwicklung interagieren auch diese Elemente und beeinflussen ihr eigenes Wachstum. So entwickelt sich Haut nicht nur deshalb zu Haut, weil ihre Gene ihr das befehlen, sondern weil auch die benachbarten Zellen diese Anweisung bekräftigen und ihr sagen, zu welcher Art von Haut sie sich entwickeln soll. Befindet sie sich auf dem Kopf, so wird sie zu einer Haut mit Haaren. Befindet sie sich im Mund, so entsteht eine dünne, haarlose Haut mit Drüsen, um sie feucht zu halten. Beide Hautarten besitzen die gleichen Gene – ja, so gut wie alle Zellen unseres Körpers besitzen die gleichen Gene. Wir sollten nicht davon ausgehen, dass die Gene in einer Zelle im Mund und die Gene in einer Zelle am Hinterkopf wissen, wo im Körper sie sich befinden. Viele Arten von Gewebe verdanken ihre Entwicklung wohl nicht einfach ihren Genen, sondern dem Gewebe um sie herum. Unsere Körper sind mehr als nur Erzeugnisse einer Produktionskette; sie sind das Ergebnis einer perfekt aufeinander eingespielten Gemeinschaft von Zellen und Geweben, die unser ganzes Leben hindurch wachsen und miteinander kommunizieren – und dies vor allem während unserer Zeit im Mutterleib.

Angesichts dieser hochkomplexen Vorgänge sind die derzeitigen Versuche einiger Labore, ein „Glatzengen" oder ein „Schwulengen" aufzuspüren (beides wurde in den letzten Jahren von den Medien verkündet), so gut wie sicher zum Scheitern verurteilt.

# 5

# Evolution in der Praxis

Das Erscheinungsbild einer bestimmten Spezies zu einer bestimmten Zeit ergibt sich aus einer Ansammlung von Merkmalen, die ihre Vorgeschichte ihr hinterlassen hat. Soll eine Spezies einen Wandel ihrer Umwelt überleben oder von einer neuen Lebensweise profitieren, kann die natürliche Selektion nur mit dem Körper arbeiten, den sie vorfindet. Sie kann den Problemen einer Spezies nicht stets auf die wirksamste Weise begegnen, weil sie dafür möglicherweise nicht die passenden Gene zur Verfügung hat. Soll die Spezies überleben, so muss die natürliche Selektion mit den Werkzeugen arbeiten, die ihr die Geschichte überlassen hat. An dieser Stelle ist es wieder Zeit für eine Analogie.

Sinkt Ihr Schiff ohne Vorwarnung und Sie werden mutterseelenallein auf eine verlassene Insel gespült, so müssen Sie mit Hilfe der Dinge überleben, die Sie gerade in der Tasche haben. Am zweckmäßigsten wäre jetzt ein 36-teiliges Werkzeugset zur Holzbearbeitung und ein Exemplar von *Überleben auf einer einsamen Insel* (4. Aufl.) von Robinson Crusoe, aber die haben Sie nicht dabei. Sie müssen, so gut es geht, mit dem, was Sie haben, zurechtkommen und sich anpassen – oder sterben.

Vielleicht haben Sie eine Münze in der Tasche. Sie wetzen den Rand an einem Stein und schnitzen damit Pfeilspitzen zum Jagen und Fischen. Noch besser wäre ein Messer, aber Sie haben keins. Mit der Münze wird es schon gehen, und außerdem sorgt die erhabene Prägung für einen sicheren Halt beim Schneiden.

Später entdecken Sie eine bessere Methode zum Anspitzen Ihrer Pfeile. Nun benötigen Sie die Münze nicht mehr als Schneidewerkzeug, brauchen aber ein Gewicht für Ihre Angelschnur. Die ideale Lösung wäre eine gespaltene Bleikugel, aber Sie haben kein Blei. Stattdessen biegen Sie die Münze um und befestigen sie an der Schnur, wobei die erhabenen eingeprägten Buchstaben wieder für einen festeren Halt sorgen. Sie haben zwei wichtige Verwendungen von etwas entdeckt, das ursprünglich einem ganz anderen Zweck diente, welcher aber für Ihre jetzige Situation völlig irrelevant ist. Die Münze war für keine ihrer beiden neuen Aufgaben ideal, aber sie hat funktioniert. Sie fangen Fische und überleben. Mittlerweile hat die Vergangenheit auf der Münze ihre Spuren hinterlassen. Sie trägt noch immer die Prägung und einen großenteils abgerundeten Rand aus ihrem Leben als Geldstück sowie die scharfe Kante aus ihrem Leben als Schneidewerkzeug. Die Prägung hat nun eine Funktion, an die bei ihrer Herstellung niemand einen Gedanken verschwendet hat; der teils abgerundete, teils scharfe Rand ist für ein Gewicht unerheblich, schadet aber auch nichts.

Was wir dank unserer Geschicklichkeit vollbringen, leistet die Evolution als zwangsläufige Folge der natürlichen Selektion; die Ergebnisse können jedoch ähnlich sein. Wie die Münze und ihre Prägung weisen die Körper zahlreicher

Tiere Strukturen auf, die heute einem Zweck dienen, für den sie ursprünglich nicht gedacht waren. Die Zähne von Haien sind modifizierte Hautschuppen, Vogelflügel sind umgebaute Arme, die Flughäute von Fledermäusen entwickelten sich als Haut, um den Körper zu bedecken, dehnten sich aber später immer weiter aus und boten so eine große aerodynamische Oberfläche.

Ebenso finden sich, wie der teils abgerundete, teils scharfe Rand des Angelgewichts, an Tierkörpern Strukturen, die heute keinem Zweck mehr dienen, jedoch von den Urahnen der Tiere entwickelt wurden, weil diese sie brauchten. Seitdem wurden sie von Generation zu Generation weitergegeben. Vermutlich sitzen Sie auf den Überbleibseln eines Schwanzes, der von Ihren Vorfahren entwickelt und genutzt wurde, aber jetzt nur noch eine Knochenreihe im Körperinneren am Ende Ihrer Wirbelsäule ist. Ein anderes Beispiel ist die Afterklaue bei Hunden. Dabei handelt es sich um die kleine, überflüssige Zehe oberhalb der Pfote, die den Boden nicht berührt. Die Urahnen der Hunde besaßen fünf ausgebildete Zehen, doch während der Evolution des Hundes zu einem immer schnelleren Läufer schrumpfte eine Zehe und wanderte das Bein hinauf (die Rückbildung von Zehen ist häufig bei Tieren zu beobachten, die im Laufe ihrer Evolution gelernt haben, sich immer schneller auf dem Erdboden fortzubewegen – vgl. S. 87). Hunde haben jetzt nur noch vier funktionsfähige Zehen. Afterklauen erfüllen heute keinen Zweck mehr und Hundezüchter lassen sie häufig chirurgisch entfernen. Wären die Vorfahren der Hunde weiterhin dem Selektionsdruck ausgesetzt gewesen, statt eine enge Beziehung zum Menschen aufzubauen und uns zu erlauben, die Evolution ihrer Körper zu steuern, so wäre die Afterklaue möglicherweise zu guter Letzt völlig verschwunden oder hätte sich zumindest, wie unser Schwanz, ganz in das Innere des Körpers zurückgezogen.

## Die Evolution ist nicht perfekt

Ist ein Merkmal im Laufe der Evolution erst einmal verloren gegangen, so ist es nahezu unmöglich, es wieder zu erschaffen. Da die natürliche Selektion nur mit dem arbeitet, was sie sieht, bietet die Evolution Lösungen für neu auftauchende Probleme im Allgemeinen, indem sie gegenwärtig benutzte Körperteile modifiziert. Vögel beispielsweise entwickelten sich aus frühen Reptilien, die sich aus frühen Amphibien entwickelten, welche ihrerseits aus frühen Fischen hervorgingen. Frühe Fische, Amphibien und Reptilien hatten allesamt lange Schwänze, die ursprünglich zum Schwimmen gedacht waren. Auf ihrer Evolutionsreise in höhere Sphären verloren die Vögel ihre schweren, knöchernen Schwänze und ersetzten sie durch lange, leichte Schwanzfedern. Nur der Stumpf des „Bürzels" blieb zurück. Als einige Vögel dann in das nasse Element zurückkehrten und wieder zu schwimmen begannen (wie beispielsweise die Pinguine), entwickelten sie nicht etwa erneut einen langen Schwimmschwanz, sondern benutzten ihre Gliedmaßen, die ihnen als Flügel zur Fortbewegung in der Luft gedient hatten, nun gewissermaßen zum Fliegen unter Wasser. Da Wasser viel dichter ist als Luft und viel schwieriger zu verdrängen ist, wurden die Flügelknochen kräftiger und schwerer als die der anderen Vögel, und schließlich verloren die Pinguine die Fähigkeit, durch die Luft zu fliegen. Auch das Treiben und Schwimmen auf der Wasseroberfläche führte nicht dazu, dass die Pinguine erneut einen Schwanz entwickelten. Stattdessen bekamen die Hinterfüße Schwimmhäute, die den Vogel vorwärtstreiben und ihn auch beim Gehen an Land unterstützen. Die Bewegungen beim Paddeln und beim Gehen ähneln einander sehr.

Die ideale Konstruktion, um einem Vogel die Fortbewegung unter Wasser zu ermöglichen, wäre vielleicht so etwas wie ein Fischschwanz gewesen, aber die Evolution plant und entwirft Körper nicht. Evolution ist das, was geschieht, weil es Selektion gibt; sie ist nicht der Grund für eine Selektion. Der Pinguin passte sich an seine neue Lebensweise an und überlebte, weil jede Generation der natürlichen Selektion unterworfen war. Nach und nach modifizierten kleine Änderungen das durchschnittliche Erscheinungsbild der Pinguine so, dass sie als Unterwasserfischer überlebten. Die Natur verlangt nicht die perfekte Lösung, sondern nur eine Lösung, die funktioniert.

Dies beantwortet gleichzeitig die uralte Frage, die bereits unzählige Mütter gequält hat: „Warum sind Geburten so schmerzhaft?" Die brutale Erklärung lautet: „Weil sie nicht schmerzlos zu sein brauchen." Die Evolution kümmert es nicht, ob Geburten Höllenqualen oder paradiesische Gefühle hervorrufen, solange sie nur erfolgreich sind. Solange weiterhin gesunde Babys auf die Welt kommen, sind der natürlichen Selektion die damit einhergehenden Schmerzen gleichgültig – auch wenn sie den Müttern alles andere als gleichgültig sind. Dass die Geburt eines Kindes heutzutage so schmerzhaft ist, ist vermutlich ein relativ junges Phänomen, das sich erst im Laufe der letzten Millionen Jahre verstärkt hat, weil die menschlichen Gehirne immer größer wurden. Da das Gehirn eines Babys im Mutterleib im Verhältnis zu seinen Ahnen an Größe zunahm, musste ein größerer Kopf einen Geburtskanal passieren, der seinerseits seine Größe nicht veränderte. Weil dies nach wie vor erfolgreich funktioniert, gab es für die natürliche Selektion keine Veranlassung, diesen Kanal zu erweitern. Die Folge sind Schmerzen.

## „*Horror vacui* – Abscheu vor der Leere"

Diesen Ausdruck benutzen Biologen häufig, um zu betonen, dass die Natur vor leeren Räumen zurückschreckt und bestrebt ist, diese zu füllen, aber das ist nicht unmittelbar einsichtig. Wie Darwin festhielt, konkurrieren Spezies um Ressourcen. Da es jedoch einfacher ist, sein Dasein ohne lästige Konkurrenten zu fristen, nutzt die Evolution jede Gelegenheit, unbesetztes Terrain in der Natur zu erobern.

Im heutigen Wirtschaftsleben geht es ganz ähnlich zu. Ist es für Büroangestellte mittags problematisch, das Gebäude zu verlassen, um sich eine Mahlzeit zu besorgen, so gründet schließlich jemand ein Unternehmen, das belegte Brötchen zubereitet und in die Büros zu den an ihren Schreibtisch gefesselten Angestellten bringt. Diese Brötchenlieferanten verdienen ihr Geld, indem sie eine Marktlücke ausnutzen – und sicherlich fallen Ihnen noch Dutzende solcher Beispiele ein. Die Wirtschaft ist eine gute Analogie für die Natur. Die beschriebene „Marktlücke" ist der „leere Raum", nach dem alle Ausschau halten, etwas, das sie tun können, woran bisher niemand gedacht hat und das ihnen ein konkurrenzloses Monopol verspricht. So kann man mit dem geringstmöglichen Aufwand seinen Lebensunterhalt verdienen.

Treten Konkurrenten auf den Plan, versucht man normalerweise, effizienter zu arbeiten (zum Beispiel Brötchen verkaufen, deren Herstellung weniger kostspielig ist), den Service zu verbessern (auch Getränke anbieten), das Angebot auf andere Bereiche ohne Konkurrenz auszudehnen (Brötchen an Baustellen verkaufen) oder einfach, besser zu sein als die Konkurrenz. Dies ist Darwins Kampf ums Dasein (in diesem Falle auf ökonomischer Ebene). Demnach durchlaufen Unternehmen auf die gleiche Weise eine Evolution wie Spezies.

In der Natur ernähren sich viele Vogelarten von fliegenden Insekten, da diese sehr proteinhaltig sind; es gibt aber auch nachtaktive Insekten, die umherschwirren, wenn die Vögel schlafen. Da die Natur leere Räume verabscheut, haben einige nachtaktive Säugetiere diese Marktlücke genutzt, entwickelten Flügel und wurden zu Fledermäusen. Ihre Flügel entstanden sogar aus den Vorderbeinen, genau wie bei den Vögeln vor ihnen. Darum ähneln Fledermäuse auf den ersten Blick Vögeln, weil sie die gleiche Lebensweise haben.

Auch Unternehmen, die dem gleichen Gewerbe nachgehen, ähneln sich häufig, selbst wenn zwischen ihnen keine direkte Verbindung besteht. Die Anforderungen, die ihre Tätigkeit an sie stellt, sorgen ganz von selbst dafür. Brötchenlieferanten an den verschiedensten Plätzen auf der Erde müssen alle ganz bestimmte Merkmale haben: Sie verwenden Brötchen und Beläge, sie brauchen eine Produktionsstätte, sie brauchen Mitarbeiter, sie brauchen Fahrzeuge, um die Brötchen zu den Kunden zu bringen, sie brauchen Körbe oder Handwagen, um die Brötchen zu transportieren, und sie müssen mit Geld umgehen. Alle diese Erfordernisse werden ihnen durch ihre Tätigkeit aufgezwungen.

Die Natur ist da nicht anders. Tiere, die in unterschiedlichen Teilen der Welt die gleichen Marktlücken nutzen (Biologen bezeichnen diese Lücken als Nischen), ähneln sich meistens. Seevögel der südlichen Hemisphäre, die auf der Meeresoberfläche paddeln und nach Fischen tauchen, indem sie sich unter Wasser durch Flügelschlagen fortbewegen (Pinguine), sehen aus wie Seevögel der nördlichen Hemisphäre, die auf der Meeresoberfläche paddeln und nach Fischen tauchen, indem sie sich unter Wasser durch Flügelschlagen fortbewegen (Alkenvögel, wie die Trottellumme und der Tordalk). Säugetiere, die permanent im Wasser leben und dort in hohem Tempo Jagd auf Fische machen (Delfine), sehen nicht aus wie andere Säugetiere, sondern wie Raubfische, die so leben wie sie. Die Ichthyosaurier, ausgestorbene Reptilien, sahen auch wie Delfine und Raubfische aus, weil sie deren Lebensweise teilten – so bedeutet ihr Name „Fischechsen".

Wenn Tiergruppen aufgrund einer ähnlichen Lebensweise irgendwann das Aussehen anderer Gruppen annehmen, obwohl sie mit ihnen nicht eng verwandt sind, sprechen die Biologen von „konvergenter Evolution" – die Körpermerkmale verschiedener Tiere haben sich von unterschiedlichen Ausgangspunkten aus einander „angenähert", statt von einem gemeinsamen Vorfahren vererbt worden zu sein.

## Die Evolution schläft nie

Die Evolution kommt nie zur Ruhe, aber sie steuert auch nie auf ein bestimmtes Ziel zu. Sie ist lediglich eine passive Reaktion auf die natürliche Selektion, die ihrerseits auch nie ein Ende findet. Der Mensch ist nicht, wie man einst glaubte, die Krone der Schöpfung. Die Evolution hat keine Krone – sie geht immer weiter. Wir sind nicht einmal diejenige Spezies, die heute auf die längste Entwicklungsgeschichte zurückblicken kann. Jede einzelne noch existierende Spezies hat sich exakt genauso lang entwickelt wie wir – nämlich vom ersten Lebenszeichen auf diesem Planeten an –, und sie alle verdienen gleichermaßen Anerkennung als erfolgreiche Überlebenskünstler.

Man neigt dazu, Organismen, deren Aussehen sich über viele Millionen Jahre hinweg so gut wie nicht verändert hat – wie beispielsweise Farne, Haie und Krokodile – gewissermaßen als fossile, primitive Überbleibsel einer längst vergangenen Zeit zu betrachten. Die Evolution betrifft jedoch nicht nur das Äußere eines Tiers oder einer Pflanze, sie beeinflusst auch das Innenleben, also die Organe und ihre Funktionen. Selbst die chemische Beschaffenheit aller Lebewesen ist dem Wandel unterworfen. Nur weil eine Spezies rein äußerlich einer verwandten Spezies ähnelt, die vor Millionen von Jahren gelebt hat, heißt dies nicht, dass sich diese Gruppe nicht Millionen Jahre lang weiterentwickelt hat. Jeder Gärtner wird Ihnen sagen können, dass Farne an nur ganz wenigen Krankheiten leiden können, von nur ganz wenigen Schädlingen befallen werden und sich nur ganz wenige Tiere von ihnen ernähren. Ihre chemischen Abwehrwaffen sind extrem wirksam. Das bedeutet aber nicht, dass die Urfarne ähnlich gut ausgestattet waren. Möglicherweise hat sich die Evolution dieser Abwehrmechanismen Millionen Jahre lang im Verborgenen vollzogen, während die äußere Gestalt der Farne praktisch unverändert geblieben ist. Auch Haie leiden an nur wenigen Krankheiten, und die Selbstheilungskräfte von Krokodilen sind so stark – bei ihnen heilen schwere Verwundungen in stark verschmutzten Gewässern mit nur geringen Infektionen aus –, dass die medizinische Forschung versucht, diejenigen Faktoren im Krokodilblut zu identifizieren, die sie gegen Bakterien schützen, in der Hoffnung, ein neues, dem Penicillin ähnliches Medikament zu entdecken.

Ebenso wenig sind die Spezies von heute in irgendeiner Weise besser als die Spezies der Vergangenheit. Jede ist oder war perfekt auf ihre jeweilige Umgebung zugeschnitten. Frühere Spezies waren keine Übergangsformen auf dem Weg zu etwas anderem. Um dies in einem größeren Zusammenhang zu sehen, schauen wir einmal zurück auf Menschen, die vor 10 000 Jahren lebten, und halten fest, dass sie über weniger Wissen, weniger Technik, weniger Medizin und weniger Komfort verfügten als wir heutzutage. Doch bevor wir sie als primitiv oder rückständig abtun, sollten wir bedenken, wie wohl die Welt der Zukunft für die Menschen in 10 000 Jahren aussehen wird. Sie werden ein Leben führen und über Einrichtungen verfügen, die für uns nicht mehr zu begreifen sind. Möchten wir, dass sie auf uns zurückschauen und uns als primitive oder rückständige Übergangsformen betrachten, die lediglich als Trittsteine auf einem Weg dienten, der zu ihnen führte? Ich glaube nicht.

Wir existieren nicht, um künftigen Generationen den Weg zu bereiten. Wir reagieren auf die Welt der Gegenwart und versuchen, so gut es geht, in ihr zu überleben. Genauso verhält sich auch die Evolution. Jede Spezies passt in ihre Zeit. Diese Lebenszeit kann kurz oder lang sein, aber allein die Tatsache, dass sie überhaupt existiert hat, bedeutet, dass sie zu jener Zeit ein Überlebenskünstler war. So sollten wir uns vor Augen führen, dass die Natur 3,5 Milliarden Jahre gebraucht hat, um den im 17. Jahrhundert ausgestorbenen Dodo hervorzubringen. Diesen Vogel hatte die natürliche Selektion für das Leben auf Mauritius geformt. Erst als die Europäer auf der Insel landeten und das natürliche Umfeld durch die Einführung europäischer Spezies veränderten, war der Dodo diesen neuen Bedingungen nicht gewachsen und fiel ihnen zum Opfer – genauso würde es uns ergehen, wenn jemand in unserem Einkaufszentrum ohne Vorwarnung ein Rudel Löwen losließe. (Dodos nisteten auf dem Boden und hatten vermutlich den eierfressenden Schweinen, die von den Seeleuten mitgebracht wurden, nichts entgegenzusetzen.)

Ohne das Eingreifen des Menschen war der Dodo ein Überlebenskünstler, aber Überlebenskünstler sind nicht immer leicht zu identifizieren. Keine der Spezies, die vor 400 Millionen Jahren die Erde bevölkert haben, lebt auch heute noch, doch wenn sie alle ausgestorben wären, gäbe es heute gar kein Leben mehr. Es gibt zwei Möglichkeiten für Spezies zu verschwinden: Entweder nimmt die Zahl ihrer Vertreter immer weiter ab, bis schließlich der letzte stirbt – das Aussterben im klassischen Sinne –, oder die Spezies entwickelt sich weiter zu einer oder mehreren anderen Spezies und ist als das Tier oder die Pflanze, die sie vorher war, nicht mehr zu erkennen. Vor etwa 4 Millionen Jahren schwang sich eben solch eine Spezies von den Baumkronen auf den Erdboden und wanderte hinaus in die Graslandschaften Afrikas. Jene Spezies lebt nicht mehr – wenn wir ihr auf der Straße begegnen würden, wüssten wir sofort, dass sie sich von allen uns bekannten Lebensformen unterscheidet. Dennoch ist die Spezies nicht ausgestorben. Wie so viele andere vor ihr hat sie überlebt, indem sie über Jahrtausende hinweg ihr Äußeres immer wieder gewandelt hat, bis sie schließlich in der Welt von heute angekommen ist. Nun ist es an der Zeit, sich mit ihren Nachkommen zu beschäftigen.

# 6

## Als wir noch Fische waren

Moderne Verwandlungskünstler wie wir haben sich aus den ersten Wirbeltieren entwickelt. Dabei handelte es sich um kieferlose Fische, die ihre Nahrung über ein Filtersystem aufnahmen und vor über 500 Millionen Jahren im Meer erschienen. Auch heute gibt es noch einige kieferlose Fische, wie die im Meer vorkommenden Schleimaale und Neunaugen, welche Aalen ähneln, aber runde Saugmäuler besitzen. Diese Tiere haben jedoch nur noch wenig Ähnlichkeit mit ihren frühen kieferlosen Vorfahren.

Die versteifende Leiste längs des Rückens dieser ersten Wirbeltiere bestand nicht aus Knochen, sondern war eine Röhre aus einer festen Membran, die mit einer unter Druck stehenden Flüssigkeit gefüllt war. Die ersten Fische mit Knochen erschienen erst 100 Millionen Jahre später. Heute werden Fische mit Knochenskeletten auch von den Wissenschaftlern als „Knochenfische" bezeichnet, um sie von Haien und Rochen zu unterscheiden, deren Skelett überwiegend aus Knorpel besteht – einer festen, aber weicheren Substanz. Die meisten der heute existierenden Fische sind Knochenfische.

*Pteraspis,* ein urtümlicher kieferloser Fisch, der vor über 400 Millionen Jahren lebte (etwa 25 cm lang)

Bevor es Fische mit ihrer innen liegenden versteifenden Leiste gab, hatten die wirbellosen Tiere bereits eine Anzahl verschiedener Möglichkeiten entwickelt, ihre Körper zu stabilisieren. Segmentierte Würmer nutzten hydraulischen Druck, der durch Muskelschichten in der Haut gesteuert wurde. Krebstiere besaßen ein hartes Außenskelett, einer Rüstung ähnlich, das durch an seiner Innenseite befestigte Muskeln bewegt wurde. Bei den Fischen saß das Skelett innen, und Muskeln umgaben die versteifenden Leisten.

Muskeln sind lediglich Zellblöcke, denen die Evolution es ermöglicht hat zu kontrahieren. Sie können nichts anderes, als sich zu verkürzen, wodurch das, was an ihren Enden befestigt ist, näher zueinander gezogen wird. Sie können nicht drücken. Sie sind gewissermaßen wie Seile, die schwere Lasten ziehen, aber nichts schieben können. Wenn Muskeln in einem Wirbeltier einen Teil des Skeletts mehr als einmal bewegen sollen, müssen sie als Paar arbeiten: Einer zieht die Leiste in die eine Richtung, und dann zieht ihn der an der entgegengesetzten Seite wieder zurück. Während sich der zweite Muskel zusammenzieht, entspannt der erste Muskel und wird gestreckt, um erneut kontrahieren zu können. Dieses Zusammenspiel entwickelte sich weiter, als die Wirbeltiere neue Formen ausbildeten – insbesondere, als sie das Wasser verließen –, doch bei den frühen Fischen bestand die Hauptaufgabe der Muskeln darin, die typischen S-förmigen Bewegungen des Körpers hervorzubringen, die zum Schwimmen führten.

Ein Fisch krümmt seinen Körper so von einer Seite zur anderen, dass eine Welle seine Flanke entlangläuft und dabei das Wasser verdrängt. Die Bewegung gleicht einem losen

Seil, das man hin- und herschüttelt, sodass Wellen hindurchlaufen. Um diese Bewegung hervorzubringen, krümmt sich die Wirbelsäule des Fisches, weil die Muskeln abwechselnd an ihren beiden Seiten ziehen. Da das Gewicht des Fischkörpers vom Wasser getragen wird, muss die Wirbelsäule lediglich verhindern, dass der ganze Fisch zu einem kurzen, klobigen Hufeisen schrumpft, wenn die Muskeln einer Seite kontrahieren.

In diesem Stadium unserer Evolution war unsere Wirbelsäule demzufolge noch relativ schwach und verhielt sich wie eine flexible Zeltstange, die den Körper gestreckt hielt und die Arbeit der Muskeln in weiche Schlängelbewegungen umwandelte. Der Fisch bewegte sich nur durch dieses Schlängeln vorwärts, doch das war weder besonders effizient noch besonders stabil. Darum entwickelten die Fische bald neue Strukturen, die ihre Fähigkeit, das Wasser zu verdrängen, erhöhten und ihnen halfen, bei der Fortbewegung nicht aus dem Gleichgewicht zu geraten. Das waren die Flossen, von denen einige später zu unseren Armen und Beinen wurden.

## Flossen

Bei den frühen kieferlosen Fischen verliefen Flossen längs der Mittellinie, und einige besaßen auch, wie Wissenschaftler glauben, eine lange Hautfalte an beiden Seiten des Körpers. Im Laufe der Zeit bildeten sich diese Falten wieder zurück, bis nur noch ein Hautlappenpaar weiter vorne und eins weiter hinten übrig blieben.

Noch heute weisen moderne Fische verschiedene Varianten von Flossen entlang der Mittellinie auf – oben, un-

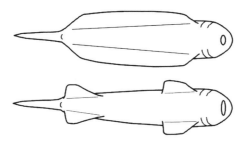

Diese Darstellung früher kieferloser Fische, von unten betrachtet, zeigt, wie aus Hautfalten möglicherweise Flossenpaare wurden.

ten und am Schwanz –, doch sie haben ausnahmslos zwei Flossenpaare, die Brustflossen weiter vorne und die Bauchflossen weiter hinten (obwohl die Bauchflossen bei einigen Spezies nach vorne gewandert sind und nun unterhalb vor den Brustflossen liegen). Die heutigen Knochenfische nutzen die Flossenpaare als Bremse und zum langsamen Manövrieren.

Weil jene länglichen Hautfalten auf zwei Lappenpaare reduziert wurden, besitzen alle anderen Wirbeltiere, wir eingeschlossen, nun zwei Beinpaare – eins vorne und eins hinten. Unsere Gliedmaßen haben sich aus diesen Flossenpaaren entwickelt, und wenn wir winzige, gerade mal 5 mm lange Embryos im Mutterleib sind, beginnen unsere Arme und Beine ihr Wachstum als zwei kleine halbrunde Lappen an den Seiten unseres Körpers. Hätten sich die Falten damals zu drei Flossenpaaren ausgebildet, so besäßen wir jetzt sechs Gliedmaßen; doch den frühen Fischen genügten zwei Paare zur Stabilisierung – ein Paar vor dem Schwerpunkt und eines dahinter.

## Kiefer

Zu dem Zeitpunkt, als sich die Brust- und Bauchflossen entwickelt hatten, hatte die natürliche Selektion bereits auch das Vorderende vieler Fische verändert. Im Kopf, der wie bei den früheren Fischen von knöchernen Außenplatten umgeben war, hatten sich Kiefer zu entwickeln begonnen. Die frühesten Fische besaßen an beiden Seiten unmittelbar hinter dem Kopf jeweils eine Reihe von Kiemenspalten, so wie heute noch die Haie. Zwischen den Spalten wurde die Haut durch knöcherne Leisten, die Kiemenbögen, verstärkt. Mit der Zeit faltete sich der erste Kiemenbogen auf jeder

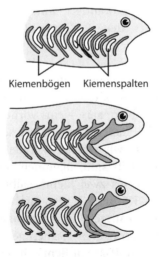

Eine mögliche Entwicklung vom Kiemenbogen zum Kiefer

Seite so nach vorne, dass er gewissermaßen die primitive Mundöffnung umgab. Auf diese Weise konnte er die Form dieser Öffnung verändern, und der erste Kiefer war entstanden.

Damit konnten die Fische nun größere, festere Nahrung fressen, die sie im Maul halten konnten. Vermutlich waren die Vorteile dieser neuen Ernährungsweise gegenüber dem Herausfiltern winziger Partikel aus dem Wasser für die Veränderung verantwortlich. Die Entwicklung eines Greifmauls brachte eine weitere Neuerung mit sich, die das Ganze noch effektiver machte. An einem Teil der knöchernen Kopfplatten um die Mundöffnung begann sich eine raue Kante zu bilden, mit der sich die Nahrung ergreifen ließ. Die natürliche Selektion trat in Aktion und schließlich wuchsen dem neuen Maul Zähne.

## Von Flossen zu Gliedmaßen

Bei den modernen Knochenfischen befinden sich die Muskeln der Flossenpaare innerhalb des Körpers. Die hervorstehenden Flossen bestehen nur aus einer dünnen Membran, die an einem Gerüst aus feinen Strahlen befestigt ist. Wir dagegen stammen von einem urtümlichen Knochenfisch ab, bei dem sich die Flossenmuskeln in einem fleischigen Lappen befanden, der vom Körper abstand und von der Flossenmembran bekränzt wurde. Diese sogenannten Fleisch- oder Muskelflosser werden heute nur noch durch äußerst rare Vertreter wie die Quastenflosser im Indischen Ozean und einige tropische Süßwasser-Lungenfische repräsentiert, doch bis vor etwa 255 Millionen Jahren waren sie in Süßwasserhabitaten verbreitet.

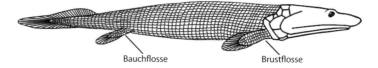

Bauchflosse                                   Brustflosse

Der Quastenflosser *Panderichthys* (Länge etwa 1 m)

Die Biologen wissen nicht, warum sich solche muskulösen Fleischflossen entwickelt haben. Als einige Fischarten das Meer verließen und Flüsse, Seen oder Sümpfe zu bevölkern begannen, gerieten sie wohl häufiger als ihre Vorfahren in den Ozeanen in Gegenden mit flachem Wasser. Dann halfen ihnen diese Flossenlappen möglicherweise, sich am Grund seichter, pflanzenüberwucherter Wasserwege fortzubewegen. Die muskulären Auswüchse an der Bauchseite boten besseren Halt an Steinen oder Pflanzen, und beim Schwimmen konnte sich der Fisch damit abstoßen. Bei langsamer Geschwindigkeit unterstützte dies wohl den Antrieb durch die Schwanzflosse.

Doch wo auch immer die Ursachen für die Ausbildung muskulöser Fleischflossen lagen – diese Modifikation scheint für das Leben im Süßwasser äußerst erfolgreich gewesen zu sein. Bei einigen Gruppen verloren die Lappenenden ihren weichen, fedrigen Rand und entwickelten stattdessen einen Saum aus knöchernen Strahlen. Dies war möglicherweise nützlich, wenn Kies oder Pflanzen im Weg waren, oder die Fläche des Flossenlappens wurde auf diese Weise vergrößert und konnte im Wasser einen stärkeren Druck ausüben. Wie auch immer – jedenfalls wurden aus diesen knöchernen Strahlen letztlich Finger und Zehen.

Während diese urtümlichen Fische mit ihren primitiven muskulären „Gliedmaßen" durch Seen und Sümpfe wanderten, spezialisierten sie sich immer stärker auf das Leben in einer seichten Süßwasserwelt; doch diese Umgebung barg Gefahren, denen ihre Urahnen im Meer nie begegnet waren.

## Lungen

Bei heißem Wetter können seichte Süßgewässer, insbesondere Teiche, dramatisch viel Sauerstoff verlieren. Schon bei 15 °C enthält Wasser 30-mal weniger Sauerstoff als die Atmosphäre. Heute reagieren viele Süßwasserfische auf einen sinkenden Sauerstoffgehalt, indem sie sehr dicht unter die Wasseroberfläche schwimmen, wo sich der Sauerstoff aus der Luft löst und der Pegel höher ist. Von diesem Verhalten, insbesondere bei Fischen, die sich von auf dem Wasser treibenden Insekten ernähren und demzufolge bei der Nahrungsaufnahme „nach Luft schnappen", ist es nur ein kleiner Schritt zum Luftholen, um direkt den darin enthaltenen Sauerstoff aufzunehmen – vorausgesetzt, der Fisch ist in der Lage, diesen Sauerstoff aus der Luft zu extrahieren.

Unter den modernen Fischen gibt es verschiedene Gruppen, die in Süßgewässern mit einem saisonalen Absinken des Sauerstoffgehalts leben und bei denen sich zu unterschiedlichen Zeiten Organe zur Luftatmung entwickelt haben. Beispiele sind der Zitteraal *Electrophorus*, der Luft über das Maul aufnimmt, wo der Sauerstoff durch die dünne Haut absorbiert wird, und der Schwielenwels *Hoplosternum*, welcher die Luft in seinen Darm presst, wo der Sauerstoff von speziellen Ansammlungen feiner Blutgefäße in der Darmschleimhaut aufgenommen wird. Man kann sich leicht vorstellen, dass primitive Fische, die vor Hunderten von Millionen Jahren in ähnlichen Umgebungen lebten, aus den gleichen Gründen

Luft eingeatmet haben. Je besser sie den Sauerstoff daraus extrahieren konnten, desto unabhängiger wurden sie von der unverlässlichen Sauerstoffquelle Wasser und desto größer war ihre Chance zu überleben. Einige urtümliche Fische entwickelten sogar spezielle Organe, um Sauerstoff aus der Luft absorbieren zu können. Diese nennen wir Lungen.

Bei den Embryos der heutigen Luft atmenden Wirbeltiere, uns eingeschlossen, entwickeln sich die Lungen als Taschen, die aus der Darmwand des Embryos wachsen, was vermuten lässt, dass die Lungen bei den urtümlichen Fischen entstanden, die ähnlich wie *Hoplosternum* nach Luft schnappten. Das würde auch erklären, warum wir durch dieselbe Öffnung, unseren Mund, essen und atmen und warum unsere Luftröhre irgendwo im Hals von der Speiseröhre abzweigt. (Wir können auch durch die Nase atmen, aber dabei handelt es sich nur um eine Röhre, die in den hinteren Bereich des Mundes führt.)

## Die Wanderung auf trockenes Land

Vor über 360 Millionen Jahren zogen die ersten Fische vom Wasser aufs Land; zu jener Zeit kam es gelegentlich zu Dürreperioden und Überschwemmungen, und die Evolution brachte zahlreiche neue Fischarten hervor.

Niemand kennt die Gründe für diese Landexpedition, doch auch heute gibt es viele Wirbeltiere, die mit Erfolg das Element wechseln. Manche Säugetiere verbringen einen Großteil ihres Lebens im Wasser (Otter, Biber), passen sich an das Leben im Wasser an (Robben, Seelöwen) oder leben sogar ausschließlich dort (Wale, Delfine, Seekühe). Es gibt Säugetiere, die an das Leben in der Luft angepasst sind und sich im Flug ernähren (Fledermäuse). Einige Vögel holen ihre Nahrung aus dem Wasser (Enten, Schwäne, Pelikane) und einige sind an das Leben im Wasser angepasst (Pinguine), wobei jedoch kein Vogel permanent im Wasser lebt. Die meisten Vögel finden ihre Nahrung am Erdboden, und manche haben ihre Flugfähigkeit völlig eingebüßt (Strauße, Nandus, Kiwis). Viele der heutigen Reptilien sind an das Leben im Wasser angepasst (Krokodile, Meerechsen) und einige verbringen dort nahezu ihr ganzes Leben (Wasser- und Sumpfschildkröten, Seeschlangen). In prähistorischer Zeit lebten manche Reptilien ausschließlich im Meer (Ichthyosaurier, Plesiosaurier) oder überwiegend in der Luft (Flugsaurier). Auch Wirbellose haben zahlreiche Umgebungswechsel vollzogen. Schnecken, Krebstiere und Würmer gibt es alle sowohl im Meer, im Süßwasser und an Land. Darum sollte es uns nicht überraschen, dass einige frühe Fische, die in der Nähe von Flussufern lebten, erfolgreiche Grenzgänger waren. Für Tiere, die bereits Luft atmen und unter Wasser gehen konnten, war dies buchstäblich nur ein kleiner Schritt.

Die frühen Fische sind möglicherweise an Land gegangen, weil sie Nahrung suchten. Die Form ihrer Zähne legt nahe, dass sie keine Pflanzenfresser waren, und falls sie sich von Insekten und anderen Gliederfüßern ernährten, die sich im seichten Wasser aufhielten, war es vielleicht eine erfolgreiche Strategie, sie immer weiter bis aufs Ufer zu verfolgen. Heute lassen sich auch manche Killerwale (Orcas) mit der Brandung auf Strände treiben, um dort Seelöwenjunge zu erbeuten, auch wenn es für sie sehr schwierig werden kann, wieder zurück ins Wasser zu gelangen. Falls sich dieses Vorgehen als sehr erfolgreich erweist, könnte es sein, dass die Nachkommen dieser Wale immer stärkere und flexiblere Vorderflossen entwickeln, bis schließlich eine Spezies mit

Beinen entstanden ist, die an Stränden auf Jagd geht. Solche Wale könnten dann letztlich dauerhaft zu Landtieren werden (wie ihre Urahnen es einstmals waren).

Vielleicht haben die frühen Fische im seichten Wasser oder auf Sandbänken auch Zuflucht vor Raubtieren gesucht. Der heute vorkommende Schlammspringer, ein kleiner Meeresfisch mit kräftigen Brustflossen, der sich auf freiliegenden Schlickflächen fortbewegen kann, verlässt das Meer zur Nahrungssuche und um seinen Feinden zu entgehen.

An Land bewegten sich die urtümlichen Fische vermutlich nach wie vor wie ein Fisch durch Schlängelbewegungen fort, wobei die primitiven Gliedmaßen als Pflöcke dienten, die notfalls für einen festen Halt sorgten und das Tier vorwärts stemmen konnten. Ohne es zu wissen, befanden sie sich aber bereits im Vorstadium der Entwicklung zu echten Vierfüßern (Tetrapoden).

## Ohren

Was wir als Töne wahrnehmen, sind die Vibrationen des uns umgebenden Mediums. (Auch wenn Science-Fiction-Filme alles daransetzen, uns vom Gegenteil zu überzeugen – Explosionen und Raketenantriebe im Weltall sind lautlos. Im Vakuum des Weltraums gibt es nichts, das den Schall übertragen könnte.) Bei den Fischen, unsere Urahnen eingeschlossen, weist der Körper nahezu die gleiche Dichte wie das umgebende Wasser auf. Demnach werden Unterwassergeräusche unmittelbar in einen Fisch übertragen, der aus diesem Grunde keine komplizierten Hörorgane benötigt. Die modernen Fische besitzen ein kleines Innenohr zur Wahrnehmung von Vibrationen, aber kein Außenohr. Als einige der frühen

Fische immer mehr Zeit an der frischen Luft verbrachten, hörten sie vermutlich nicht gut, weil die Luft eine sehr viel geringere Dichte aufwies als ihr Körpergewebe und Schallwellen nur schlecht von der Luft in einen Körper übertragen werden. Wahrscheinlich konnten sie einige Vibrationen über den Erdboden wahrnehmen, doch da sie die ersten Wirbeltiere an Land waren, gab es dort noch nicht viel, das groß genug gewesen wäre, eine Vibration zu erzeugen. Eine Felslawine oder eine große umstürzende Pflanze wären wohl schwer genug gewesen, um den Boden zum Vibrieren zu bringen, aber in diesem Moment hätte der arme Fisch wohl ohnehin keine Zeit mehr gehabt, sich in Sicherheit zu bringen.

Möglicherweise waren sie jedoch in der Lage, die Bewegungen anderer Fische wahrzunehmen, und dies hätte beim Aufspüren von Beute oder auf der Flucht vor Raubtieren einen gewissen Vorteil bedeutet. Es war noch ein weiter Weg bis zur Entwicklung eines Ohrs, das perfekt an die Wahrnehmung von Geräuschen angepasst war, die von der Luft übertragen wurden, aber diese wandernden, Luft atmenden Fische verbrachten die meiste Zeit ihres Lebens vermutlich im Wasser.

## Was uns die Fische als unsere Urahnen hinterlassen haben

Unserer Zeit als Fisch verdanken wir ein zentral gelegenes Rückgrat, zwei Arme, zwei Beine, Kiefer, Zähne, Lungen und die Gewohnheit, durch den Mund Nahrung aufzunehmen und zu atmen.

# 7

## Als wir noch Amphibien waren

Im Laufe der Zeit passten sich die Luft atmenden Fische immer besser an das Leben außerhalb des Wassers an. Vor 360 Millionen Jahren hatten sich einige dann so weit verändert, dass man sie als primitive Amphibien bezeichnen konnte (griechisch für „auf beiden Seiten lebend"), auch wenn sie mit keinen der heutigen Amphibien vergleichbar waren. In ihrer Gestalt ähnelten sie am ehesten den modernen Wassermolchen, aber manche konnten mehrere Meter lang werden – eine Spezies erreichte eine Körperlänge von 5 m. Am Ende der primitiven Gliedmaßen war die Zahl der Finger und Zehen noch nicht standardisiert, sodass verschiedene Gruppen unterschiedlich viele besaßen – normalerweise sechs bis acht. Zwei der bekanntesten frühen Fossilien dieser Periode sind *Acanthostega* und *Ichthyostega*, doch beide zählten nicht zu unseren Vorfahren.

*Acanthostega* („Stacheldach") war nur 7 cm lang und sah aus wie ein gepanzerter Wassermolch. Insbesondere der Kopf war wie bei seinen Fischvorfahren mit dicken knöchernen Platten bedeckt. An den vorderen Gliedmaßen hatte er acht

Finger und lebte anscheinend ausschließlich im Wasser, da er noch einen molchähnlichen Schwanz und innere Kiemen wie ein Fisch besaß.

*Ichthyostega* („Fischdach") war mit etwa einem Meter Länge sehr viel größer und hatte sieben Zehen an den Hinterfüßen. Er besaß ebenfalls einen Flossenschwanz wie ein Wassermolch und verbrachte den größten Teil seines Lebens im Wasser, hatte aber keine inneren Kiemen.

Als die frühen Amphibien mehr Zeit an Land verbrachten, veränderten sich ihre Körper. Sie legten ihre Eier nach wie vor im Wasser ab und hielten sich als Jungtiere anscheinend auch dort auf; bei den ausgewachsenen Tieren jedoch verschwanden die inneren Kiemen und die Mittellinie verlor ihre Flossen, während die Tiere immer mehr zu Landbewohnern wurden. An der Körperunterseite, mit der sie auf dem Boden lagen, hatten sie immer noch Schuppen, doch am Rest des Körpers verschwanden sie, wie auch die knöchernen Kopfplatten. Ohne den Auftrieb durch das Wasser und von der Schwerkraft nach unten gezogen, wurden die Gliedmaßen und die stützenden Knochen von Schulter und

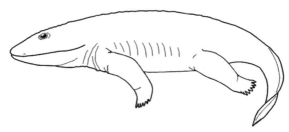

Die urtümliche Amphibie *Ichthyostega*

Becken wie auch das Rückgrat im Laufe der folgenden 50 Millionen Jahre immer stärker.

Die frühen Amphibien, die ihr eigenes Gewicht zu Boden drückte, hätten sicherlich Probleme damit gehabt, zum Öffnen des Mauls den Kiefer zu senken, ohne den gesamten vorderen Teil des Körpers anzuheben. Wahrscheinlich entwickelte sich aus diesem Grund eine flexible Nackenpartie, die es ermöglichte, nur den Kopf zu heben oder ihn zur Seite zu drehen. Fische können das nicht. Eine Sardine kann nicht über ihre Schulter zurückblicken.

Auch die Fähigkeit der Amphibien, an der Luft zu hören, verbesserte sich, aber keiner weiß, was sie hörten oder ob sie selber irgendwelche Laute erzeugten.

## Gliedmaßen

Viele der heutigen Amphibien (Salamander und Wassermolche) bewegen sich an Land auf die gleiche Weise fort wie ein Fisch, so wie auch die meisten lebenden Reptilien. Sie krümmen ihren Körper so von einer Seite zur anderen, dass eine Welle ihre Flanken entlangläuft. An der Luft, wie auch einst auf dem Grund eines Flusses, sind die Gliedmaßen die einzigen Körperteile, die Kontakt zum Boden haben, und sie stemmen den Körper vorwärts.

Bei dieser fischähnlichen Bewegung an Land berühren nur zwei Gliedmaßen zur gleichen Zeit den Boden – eine vorne und die andere an der entgegengesetzten Seite hinten –, aber das ist nicht sehr stabil. Um die Stabilität zu erhöhen, könnte der Schwanz als dritter Stützpunkt dienen und mit den Gliedmaßen einen Dreifuß bilden, oder die Unterseite des Tieres könnte auf dem Boden hängen. Dies würde zwar

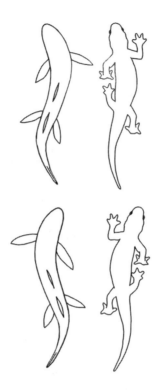

helfen, doch außer auf sehr glatten Flächen oder beim Berg-abrutschen wäre der Reibungswiderstand zu groß. Die Evo-lution löste dieses Problem, indem sie die Fortbewegungsart bei einigen unserer frühen Vorfahren modifizierte: Sie ließen nun zur gleichen Zeit drei Beine auf dem Boden, während sie gleichzeitig den Körper anhoben. Die modernen Sala-mander und Reptilien können sich dieser Methode bedienen, heute lebende Amphibien greifen jedoch auch auf den Zwei-Punkte-Gang zurück.

Diese andere Gangart wirkte sich entscheidend auf die Form unserer Arme und Beine aus. Statt einfach nur wie Stäbe herauszuragen, entwickelten die Gliedmaßen eine rechtwinklige Krümmung; die dadurch entstandenen einfachen Ellbogen und Knie hatten zur Folge, dass die Enden der Gliedmaßen nun senkrecht nach unten zeigten und mehr Kraft auf den Boden übertragen konnten. Auch die Muskeln wurden stärker, sodass sich die Enden der Gliedmaßen druckvoller abstoßen konnten und damit die Vorwärtsbewegung unterstützten. Nun waren unsere Urahnen nicht länger nur auf die Flexibilität der Wirbelsäule und der Rumpfmuskulatur angewiesen. Die Enden der Beine veränderten sich ebenfalls. Bei früheren Spezies waren sie im Allgemeinen gerade Fortsätze der Gliedmaßen gewesen. Durch den verstärkten Kontakt mit dem Boden entwickelte sich nun auch an den Enden ein Knick – es entstanden rudimentäre Hand- und Fußgelenke.

## Finger und Zehen

Vor etwa 360 Millionen Jahren wandelte sich das Gesicht der Erde. Es begann eine Zeit der wiederholten Aufwölbung von Landmassen, wobei riesige Sumpfgebiete entstanden. Diese Sümpfe waren die Geburtsstätten der heutigen gigantischen Kohlevorkommen; nach ihnen wurde jene prähistorische Periode Karbon (lateinisch *carbo*, „Kohle") genannt.

Damals hatte die natürliche Selektion bei den meisten, wenn nicht bei allen Amphibien bereits für eine einheitliche Zehenanzahl von höchstens fünf gesorgt. Von da an besaßen alle nachfolgenden vierbeinigen Tiere fünf Zehen an jedem Fuß, obwohl einige Gruppen später auch wieder Zehen verloren. Merkwürdigerweise haben moderne Amphibien an den Hinterfüßen fünf Zehen, aber nur vier an den Vorderfüßen. Man weiß nicht, ob die Vorderbeine ursprünglich fünf Zehen aufwiesen und dann eine einbüßten oder ob sich die modernen Amphibien schon früh in der Evolution von einer Amphibienlinie mit mehr als fünf Vorderzehen abspalteten und unabhängig von uns anderen zu ihren vier Vorderzehen kamen.

## Was uns die Amphibien als unsere Urahnen hinterlassen haben

Unserer Zeit als Amphibien verdanken wir: einen beweglichen Hals, Ellbogen, Knie, Hand- und Fußgelenke, fünf Zehen an jedem Fuß und fünf Finger an jeder Hand (was schließlich zum Dezimalsystem und zur Prozentrechnung führte). Zu jener Zeit verloren wir außerdem unsere Flossen, unsere Kiemen und die meisten unserer Fischschuppen.

# 8

## Als wir noch Reptilien waren

Um Junge zu bekommen, mussten die urtümlichen Amphibien bisher immer noch zum Wasser zurückkehren. Sie alle begannen ihr Leben als Froschlaich. Vor etwa 310 Millionen Jahren änderte sich dies für unsere amphibischen Vorfahren, als sie Eier mit einer äußeren Hülle entwickelten, die das Verdunsten von Wasser verhinderte, aber das Eindringen von Sauerstoff aus der umgebenden Luft erlaubte. Diese Amphibien brauchten zur Eiablage nicht mehr zum Wasser zu wandern; aus ihnen wurden die ersten Reptilien. Ein solches Ei mit Schale war eine sensationelle Innovation – eine Weltraumkapsel für den Embryo, die ihn in einer Wasserblase aus seiner ursprünglichen Heimat in eine fremdartige, trockene Welt trug.

Diese neuen Reptilien (von lateinisch *reptilis*, „kriechend") entwickelten außerdem eine wasserfeste Haut aus leichten, flexiblen Hornschuppen, die überwiegend aus Keratin bestanden – im Unterschied zu den schweren Schuppen ihrer Fisch- und Amphibienahnen. Keratin ist die gleiche Substanz, aus der heute unsere Fingernägel, unser Haar und die Federn der Vögel bestehen.

Diese Veränderungen brauchten ihre Zeit, und erst vor etwa 280 Millionen Jahren entstanden Reptilien, die ganz und gar an ein Leben auf dem Trockenen angepasst waren.

## Reptilien auf dem Vormarsch

Das Problem, dem sich jedes Tier auf trockenem Land stellen muss, ist die Schwerkraft. Ein Fisch schwebt gleichsam schwerelos im Wasser. Die vierbeinigen Tiere von heute ruhen entweder mit ihrem Körpergewicht auf dem Boden, wie beispielsweise die Echsen, die ihre Gliedmaßen gewissermaßen in einem Dauerliegestütz zur Seite spreizen, oder sie tragen ihren Körper auf senkrecht oder nahezu senkrecht stehenden Beinen, wie Kühe oder Hunde. Diese Entwicklung zu senkrecht stehenden Beinen begann bei einigen Reptilien und wurde von unseren Reptil-Vorfahren wie auch von ihren Vettern, den Dinosauriern, zur Perfektion gebracht.

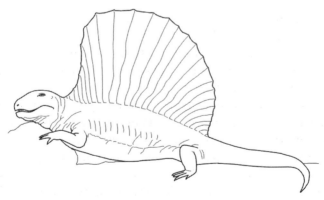

Der Pelycosaurier *Dimetrodon* (3 m lang)

Unser Urahn aus jener Zeit befand sich anscheinend in einer Gruppe von Reptilien, zu der auch Tiere mit großen Rückensegeln gehörten, die Pelycosaurier („Segelechsen").

Einige Biologen vermuten, die Segel seien eine Art Sonnenkollektor gewesen, um bei diesen kaltblütigen Tieren die Wärmezufuhr durch die Sonne zu maximieren (jedoch hatten nicht alle Pelycosaurier solche Segel; einige spätere Spezies kamen ohne aus). Die Pelycosaurier waren große Reptilien – manche konnten 3 m lang werden – und waren die dominierenden Landtiere ihrer Zeit, obgleich die meisten wohl Raubtiere waren, die sich von Fischen und Amphibien ernährten, was nahelegt, dass sie nach wie vor in Wassernähe lebten.

Vor 240 Millionen Jahren waren dann fast alle Pelycosaurier verschwunden; nur eine Gruppe hatte überlebt und sich so stark verändert, dass sie nun eine eigene wissenschaftliche Bezeichnung erhielt: die Therapsiden (griechisch für „gebogenes Tier"). Wir stammen von den Therapsiden ab.

## Gliedmaßen und Wirbelsäule

Unsere Zeit als Therapsiden hatte maßgeblichen Einfluss auf die Form unserer Wirbelsäule und Rippen und brachte weitere bedeutende Veränderungen unserer Arme und Beine mit sich. Bei den Therapsiden waren die Gliedmaßen weniger gespreizt als bei ihren Vorgängern und befanden sich weiter unter dem Körper. Es sieht so aus, als hätten sie weniger Zeit am Wasser verbracht als die Pelycosaurier, und während sie die Fortbewegung an Land immer mehr perfektionierten, vollzogen sich verschiedene Entwicklungen, die unseren Körper für alle Zeiten veränderten.

Zunächst verschwanden Teile des Skeletts, die einem schnelleren, energischeren Gang im Wege standen. Die Reptilien hatten von den Amphibien die seitliche Wellenbewegung geerbt, und bei ihnen saßen nach wie vor Rippen an den meisten Wirbeln zwischen Vorder- und Hinterbeinen. Als die Hinterbeine kräftiger wurden und eine aktivere Rolle beim Vorwärtsschieben des Körpers übernahmen, gerieten die Rippen vor den beiden Hinterbeinen bei der seitlichen Krümmung des Rückgrats immer mehr in Gefahr, gestaucht zu werden. Diese Stauchung verhinderte die natürliche Selektion, indem sie die Rippen an diesem Teil der Wirbelsäule entfernte. Damit veränderte sich das Rückgrat deutlich und es entstand ein Bereich, den wir heute als Lendenwirbelregion bezeichnen; nur die Rippen des Brustkorbs hinter den Vorderbeinen blieben übrig. Diese Lösung zugunsten einer effektiveren Fortbewegung ist dafür verantwortlich, dass wir heute im unteren Teil des Rückens oder vor dem Magen keine Rippen haben.

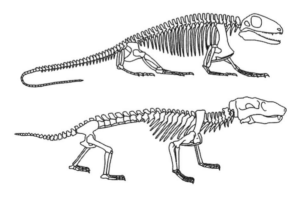

Skelette eines Pelycosauriers und eines Therapsiden, die den Verlust der Rippen vor den Hinterbeinen verdeutlichen

Als die Therapsiden einen effektiveren Gang entwickelten,
bewegten sich außerdem die Füße in eine Position unterhalb
des Körpers. Ein Tier, dessen Körper vollständig auf dem
Boden aufliegt, kann sich nicht sehr schnell oder effektiv
bewegen, und das Hochstemmen des Körpers vom Boden
auf Beinen, die zur Seite hin abstehen, erfordert große Muskeln und viel Energie. Versuchen Sie es selbst einmal. Legen
Sie sich mit dem Gesicht nach unten auf den Boden und
gehen dann in den Liegestütz. Das geht leichter, wenn Sie die
Hände in Schulterbreite auf dem Boden aufsetzen. Je weiter
außen Sie die Hände platzieren, desto schwieriger wird es,
sich hochzudrücken und in dieser Position zu bleiben. Ein
Tier, dessen Körper auf senkrecht oder nahezu senkrecht stehenden Beinen ruht, kann die Knochen wie Säulen benutzen,
die sein Gewicht tragen, während die Muskeln nur kleine
Korrekturen an Haltung und Gleichgewicht vornehmen. Wir
können lange Wache stehen, aber uns so hinzuhocken, dass
sich die Oberschenkel parallel zum Boden befinden, wird
sehr bald äußerst anstrengend.

## Ellbogen und Knie

Die neue Positionierung der Gliedmaßen bei unseren Urahnen, den Therapsiden, bedeutete, dass sich die Vorderbeine nach hinten drehten, sodass die Oberarme parallel zu
den Flanken nach hinten zeigten, und die Hinterbeine nach
vorne, sodass die Oberschenkel parallel zu den Flanken nach
vorne zeigten.

Die unterschiedlichen Rotationsrichtungen bei Vorder-
und Hinterbeinen hatten zur Folge, dass sich das Gelenk in
der Mitte der Vorderbeine in die entgegengesetzte Richtung

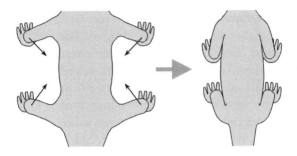

beugte wie das Gelenk in der Mitte der Hinterbeine. Darum beugen sich unsere Ellbogen und Knie auch heute noch in entgegengesetzte Richtungen, genauso wie bei allen Säugetieren und den anderen Nachfahren der Reptilien, den Vögeln. Die Beine von Vögeln und zweibeinigen Dinosauriern wie dem *Tyrannosaurus rex* sehen so aus, als krümmten sich ihre Knie nicht nach vorne, sondern nach hinten, wie auch die Hinterbeine zahlreicher Säugetiere (Katzen, Hunde, Pferde), aber in Wirklichkeit tun sie das nicht. Warum das so ist, sehen wir später noch.

Vor etwa 240 Millionen Jahren erschien eine neue Gruppe von Therapsiden auf der Bildfläche, die Cynodonten (griechisch: „mit Hundezähnen"). Einige waren Pflanzenfresser, die meisten jedoch Fleischfresser, wofür sie ihre hundeartigen Zähne brauchten. In den darauffolgenden 10 Millionen Jahren sollten sie die dominierenden fleischfressenden Landtiere sein. Ihre Gliedmaßen standen direkt unter dem Körper, und es gibt Anzeichen dafür, dass sie sich allmählich zu Warmblütern entwickelten. Andere Reptilien, wie auch alle Wirbeltiere vor ihnen, benötigten die Sonne, um ihren Körper aufzuwärmen und den Stoffwechsel anzuregen. Außerdem besaßen die Cynodonten Ohren mit einem primitiven Trommelfell, die durch die Luft übertragene Geräusche besser wahrnehmen konnten. Zunächst waren zahlreiche Cynodonten so groß wie große Hunde, aber spätere Spezies wurden kleiner – viele waren nicht länger als 25 cm.

Die Therapsiden waren nun die dominierenden Landtiere und hatten die übrigen Reptilien sowie die noch existierenden Amphibien überholt. Vor ungefähr 210 Millionen Jahren jedoch war ihre Herrschaft vorbei und die meisten von ihnen waren bereits verschwunden. Nach weiteren 60 Millionen Jahren war der letzte ausgestorben, doch zuvor hatte sich eine Gruppe von Cynodonten zu einem neuartigen kleinen Tier entwickelt, das Ähnlichkeit mit einem Nagetier hatte. Die ersten Säugetiere waren entstanden. Eines Tages würde ihr Nachfahre *Homo sapiens* die Weltherrschaft beanspruchen, aber bevor es dazu kam, hatte ein neuer König, aus einem anderen Zweig der Reptilienfamilie, das Zepter übernommen. Das Zeitalter des Jura war angebrochen und damit auch die Epoche der Dinosaurier.

## Was uns die Reptilien als unsere Urahnen hinterlassen haben

Unserer Zeit als Reptilien verdanken wir: eine wasserdichte Haut ohne Schuppen, eine Wirbelsäule ohne Rippen in der Lendenregion, Ellbogen und Knie, die in entgegengesetzte Richtungen gebeugt werden, ein Trommelfell und die ersten Schritte in ein Leben als Warmblüter. Außerdem müssen wir seit damals nicht mehr an offene Gewässer wandern, um Kinder zu bekommen.

# 9

## Säugetiere

Unsere frühesten Säugetiervorfahren lebten 150 Millionen Jahre lang Seite an Seite mit den Dinosauriern, ohne besonders aufzufallen. Erst als vor etwa 65 Millionen Jahren die meisten Dinosaurier ausstarben, traten die Säugetiere aus dem Schatten und begannen die leeren Räume zu füllen. Und bald hatten sie sich zu der Vielzahl von Formen entwickelt, die heute in den meisten Teilen der Welt das trockene Land dominieren.

Charakteristisch für Säugetiere (*Mammalia*) sind, neben anderen Merkmalen, Haare sowie Milch produzierende Brustdrüsen (lateinisch *mamma*, „Brust"). Heute gibt es drei Gruppen von Säugetieren: die Kloakentiere, die Beuteltiere und die Plazentatiere. Die am wenigsten verbreitete dieser Gruppen sind die Kloakentiere, bei denen Darm, Harnleiter und Geschlechtsorgane alle in eine einzige Öffnung münden. Ihre einzigen noch lebenden Vertreter sind das Schnabeltier und zwei Arten des Ameisenigels in Australien und Ozeanien, die Eier legen, aber ihre Jungen nach dem Schlüpfen säugen.

Beuteltiere bringen ihre Jungen in einem sehr frühen Entwicklungsstadium zur Welt; diese wachsen in einem Beutel heran und werden dort von Milch aus den mütterlichen Brustdrüsen ernährt.

Plazentatiere wie wir tragen ihre Jungen bis zu einem sehr viel späteren Entwicklungsstadium im Körper, wo sie über eine Plazenta ernährt werden.

Keine dieser drei Gruppen ist weiter entwickelt als die anderen – jede ist ein Beispiel für eine bestimmte Lösung der Säugetierfortpflanzung, auch wenn die frühesten Säugetiere vermutlich wie die Kloakentiere Eier mit weicher Schale legten, so wie es auch ihre Reptilienvorfahren taten.

Möglicherweise haben die meisten Säugetiere mit dem Legen von Eiern aufgehört und sie stattdessen während der Entwicklungszeit im Körper behalten, weil es von Vorteil war, sich während der Tragezeit frei bewegen zu können, statt an ein Nest gebunden zu sein. Vielleicht verschaffte eine nomadische Lebensweise oder die Möglichkeit, während der Tragezeit den Gefahren auf dem Erdboden entgehen und sich in die Baumwipfel zurückziehen zu können, den meisten frühen Säugetieren bessere Überlebenschancen. Doch warum auch immer – diese inneren Eier verloren ihre Schale und es kamen noch mehr Veränderungen hinzu.

## Brustdrüsen

Brustdrüsen sind ein Beispiel für ein weiteres bei Säugetieren verbreitetes Merkmal – das Vorhandensein von Drüsen in der Haut. Reptilien und Vögel besitzen nur wenige Hautdrüsen, aber Säugetiere haben viele verschiedenartige. Entwicklungsgeschichtlich sind Brüste lediglich Ansammlungen vergrößerter Hautdrüsen. Milch ist modifizierter Schweiß.

Anzahl und Anordnung der Brüste bei Säugetieren können stark variieren. Menschen besitzen zwei, nicht vier oder sechs oder acht oder noch mehr wie andere Säugetiere (einige Opossums haben über 20). Brüste befinden sich stets an der Unterseite des Körpers; bei einigen Säugetieren erstrecken sie sich über die gesamte Rumpflänge (Schweine, Hunde), bei einigen befinden sie sich nur zwischen den Hinterbeinen (Kühe, Pferde, Schafe) und bei den Menschen sowie anderen Primaten nur zwischen den Vorderbeinen.

## Haare

Haare waren eine Neuentwicklung der Säugetiere, aber ihr genauer Ursprung liegt im Dunkeln. Die anderen Nachkommen der Reptilien, die Vögel, entwickelten Federn, die so gut wie sicher modifizierte Schuppen sind. Vögel haben auch noch unmodifizierte Schuppen behalten, was an den Beinen eines Huhns zu erkennen ist. Manche Säugetiere besitzen Hautschuppen, wie die an Rattenschwänzen, aber ob Haare modifizierte Schuppen sind, ist unklar.

Wie auch immer sie entstanden – die Haare verliehen den neuerdings warmblütigen Säugetieren jedenfalls eine Isolationsschicht sowie Tarn- oder Signalfarben. Heutzutage gibt es schwarzes Fell (Panther – die nichts weiter sind als schwarze Formen des Leoparden oder Jaguars), cremeweißes (Eisbären und andere arktische Säugetiere im Winter), schwarz-weißes (Zebras, Stinktiere, Pandabären), graues (Wölfe) sowie zahlreiche Brauntöne, wobei einige in exotische Gelb- und Orangetöne hinüberspielen (Giraffen, Tiger und gefleckte Katzen).

Alle diese Farben werden von ein und demselben Pigment erzeugt, dem Melanin, das in zwei Formen vorkommt – in Schwarz oder Brauntönen sowie in Rot bis Gelb. (Melanin ist übrigens auch das Pigment, das menschliche Haut färbt.) Es gibt keine grünen Haare, doch die meisten Säugetiere sind ohnehin rotgrünblind. Sie erkennen Blau und Gelb, haben aber Probleme mit der Unterscheidung von Rot, Grün, Orange und Braun. Unter den Säugetieren verfügen nur die Primaten über das gleiche Farbsehen wie wir. Für einen Fuchs hat ein Kaninchen die gleiche Farbe wie Gras und für ein Kaninchen haben auch Fuchs und Gras die gleiche Farbe.

Die Menschen bilden mit dem europäischen Rassentyp eine Ausnahme, da dessen Haarfarbe die ganze Palette der Möglichkeiten im Säugetierreich in einer Spezies zu vereinigen scheint, obwohl weißes Haar sowie weiße oder graue Strähnen in sonst dunklem Haar normalerweise ein Zeichen für fortgeschrittenes Alter sind und jeder von uns nur eine Haarfarbe hat, nicht etwa gestreiftes, geflecktes oder scheckiges Haar. Die einzigen anderen Säugetiere, die so viele unterschiedliche Haarfarben innerhalb einer Spezies aufzuweisen haben, sind domestizierte Züchtungen, die wir bewusst so manipuliert haben, dass sie ganz bestimmte Farben und Muster zeigen.

Für das gestreifte oder gefleckte Fell einiger wildlebender Säugetiere werden verschiedene Ursachen erwogen. Üblicherweise vermutet man Tarnung als Grund, obwohl dann unklar ist, warum Geparden ein geflecktes Fell besitzen, während Löwen, die ebenfalls im Grasland leben, ein einfarbiges Fell haben – es sei denn, es spielt eine Rolle, dass Löwen (oder, genauer, Löwinnen) in Gruppen jagen. Ebenso merkwürdig scheint es, dass alle Arten gefleckter Katzen verschiedene Muster aufweisen. Diente das Muster der Tarnung, so wäre zu erwarten, dass unterschiedliche Spezies das gleiche Muster entwickelt hätten. Möglicherweise nutzen farbenblinde Säugetiere kontrastierende Muster aus dunklen Flecken, Ringen oder Streifen, um ihre Zugehörigkeit zu einer bestimmten Spezies zu signalisieren. Andere Wirbeltiere können das mit ihrer Farbe.

## Gliedmaßen und Wirbelsäule

Urtümliche Amphibien mit Gliedmaßen, die im rechten Winkel von den Körperseiten abstanden, konnten nur gehen, indem sie ihre Vorder- und Hinterbeine in einer weit ausholenden Bewegung, ähnlich den Armzügen beim Kraulschwimmen, nach vorne setzten Das erforderte eine große Kreisbewegung in beträchtlicher Entfernung vom Körper.

Nachdem bei unseren frühen Säugetierverwandten (oder Reptilien, die zu frühen Säugetieren wurden) die Gliedmaßen unter den Körper gerückt waren, beschrieben ihre Schritte einen flacheren Bogen, der geradeaus in der Ebene der Laufrichtung von hinten nach vorne führte.

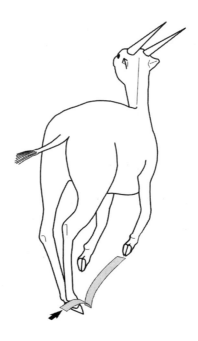

Da sich die Beine nun unter dem Tier befanden, schleifte die Unterseite nicht mehr auf dem Boden und der Körper schlingerte nicht länger bei jedem Schritt hin und her. Die Wirbelsäule blieb von vorne bis hinten in einer geraden Linie und die Gliedmaßen schwangen gerade nach vorne, wobei der Schub nun von den Beinmuskeln ausging. Trotz dieser zusätzlichen Aufgabe wurden die Beinmuskeln aber kleiner, weil das Gewicht nun von den nahezu senkrecht stehenden Knochen getragen wurde. Die Muskeln dienten nur noch der Bewegung, nicht mehr zur Stütze. Mit diesen Änderungen wurde das Gehen äußerst effizient und benötigte viel weniger Energie und Anstrengung als die Kraulbewegung der Vorfahren.

Fast alle frühen Säugetiere übernahmen diese neue Haltung und auch heute noch ruht der Körper der meisten Säugetiere auf mehr oder weniger senkrecht stehenden Beinen, sodass er den Boden nicht berührt. Auch einige Reptilien gingen zu dieser Haltung über; das bekannteste Beispiel sind die Dinosaurier. Ihre Nachkommen, die Vögel, weisen dieses Merkmal ebenfalls auf. Die meisten noch existierenden Reptilien haben die Spreizhaltung ihrer Urahnen beibehalten, doch manche von ihnen können sich für einen kurzen Sprint auf den Beinen aufrichten. So spreizen Krokodile, wenn sie am Uferrand liegen oder sich langsam vorwärtsbewegen, die Beine ab, sodass ihre Unterseite den Boden berührt, aber wenn sie rennen müssen, drehen sie die Beine nach innen in die Senkrechte und stemmen den Körper hoch. Das verringert nicht nur den Reibungswiderstand, sondern vergrößert auch die Schrittlänge. An Land können Krokodile lethargisch wirken, aber ihre Qualität als Läufer stellt man besser nicht auf den Prüfstand.

## Warum wir mit den Schultern zucken können

Am hinteren Ende eines Säugetierskeletts ist das Becken über verwachsene Knochen direkt mit der Wirbelsäule verbunden. Dadurch bildet es einen äußerst stabilen Ansatzpunkt zur Befestigung der nun kräftigen Hinterbeine. Diese direkte Verbindung hat zur Folge, dass Stöße nicht von weichem Gewebe abgefedert werden, sodass der gesamte von den Hinterbeinen ausgeübte Druck die Wirbelsäule und somit den ganzen Körper vorwärtsschiebt.

Die Vorderbeine spielen für den Schub nach vorne eine untergeordnete Rolle – sie dienen eher zur Richtungsän-

derung. Dafür müssen sie mobil sein. Bei Säugetieren sind
die Vorderbeine an den Schulterknochen, insbesondere den
Schulterblättern, befestigt, aber anders als beim Becken sind
diese über Muskeln mit der Wirbelsäule verbunden. Dieser
Unterschied lässt sich leicht dadurch demonstrieren, dass wir
– als Säugetiere – mit den Schultern, aber nicht mit den Hüften zucken können. Bei vierbeinigen Säugetieren fungieren
die Schultermuskeln außerdem als Stoßdämpfer, wenn die
Vorderbeine bei hohem Tempo auf dem Boden auftreffen.
Das mindert Erschütterungen des Schädels und der Augen,
die beim schnellen Laufen sehr gut funktionieren müssen.
Diese Stoßdämpferfunktion ist auch für uns von großem
Vorteil. Wäre unsere Schulter so wie das Becken direkt mit
der Wirbelsäule verwachsen, so würde unser Gehirn beim
Benutzen eines Pressluftbohrers oder -hammers buchstäblich
durcheinandergeschüttelt.

Für die frühen Säugetiere brachte ein direkt mit dem
Rückgrat verbundenes Becken ein Problem mit sich. Da
beim Gehen die Hinterbeine nacheinander angehoben wurden, musste das gesamte Becken zur Seite kippen, um dem
Fuß Bewegungsfreiheit zu geben. Gleichzeitig aber vollen-
dete am anderen Ende des Körpers das diagonal gegenüber-
liegende Vorderbein gerade seine Bewegung und die Schulter
auf dieser Seite war noch angehoben. Auf diese Weise zwang
das Gehen die Wirbelsäule zu ständig abwechselnden dop-
pelten Verdrehungen in Längsrichtung, indem der hintere
Teil sich in die eine Richtung drehte und der vordere in die
andere – wie beim Auswringen eines nassen Lappens. Demzufolge können wir heute unsere Hüften nach links drehen
und die Schultern gleichzeitig nach rechts. Ohne diese Fähigkeit könnten wir niemals Golf spielen. Andere Wirbeltiere
sind dazu nicht in der Lage. Entsprechend können nur wir

Säugetiere uns mit unseren drehbaren Wirbelsäulen und neu positionierten Beinen auf die Seite legen (und auch wieder aufstehen). Reptilien liegen immer nur auf dem Bauch.

Mit den Gliedmaßen unter dem angehobenen Körper und der Fähigkeit, sich rückwärts und vorwärts zu bewegen, vollzog sich nun eine weitere Veränderung der Wirbelsäule. Statt sich von einer Seite zur anderen zu krümmen, was beim Gehen jetzt nicht mehr hilfreich gewesen wäre, begann das Rückgrat sich hoch- und niederzubeugen. Beugte sich das hintere Ende der Wirbelsäule mit dem Vorwärtsschritt eines Hinterbeins nach unten, so traf der Fuß weiter vorne auf dem Boden auf, als wenn die Wirbelsäule starr geblieben wäre und sich nur das Bein bewegt hätte. Damit wurde eine größere Schrittlänge erzielt, was das Gehen und Laufen noch effektiver machte. Dieser neuen Fähigkeit der Beugung in die Senkrechte verdanken wir auch, dass wir nun im Stand unsere Zehen berühren können.

Die Entwicklung zu einer senkrechten Krümmung der Wirbelsäule hatte später für eine spezielle Gruppe von Säugetieren bedeutende Konsequenzen. Als die vierbeinigen Vorfahren der Wale und Delfine ins Meer zurückkehrten und ihren Schwanz wieder zum Schwimmen verwendeten, bewegte sich dieser Schwanz nun auf und ab – nicht hin und her wie bei ihren Urahnen, den Fischen.

## Warum wir auf Pferden und nicht auf Katzen reiten

Nur wenige Säugetiere haben diese vertikale Beweglichkeit zu einer solchen Perfektion gebracht wie der Gepard. Im Sprint krümmt sich seine Wirbelsäule wie ein Bogen zuerst nach oben und dann nach unten. Während der mittlere Wirbelsäulenbereich nach unten gekrümmt wird, werden die Vorderbeine weit nach vorne bis zur maximalen Reichweite ausgestreckt. Berühren die Vorderfüße den Boden, beugt sich die Wirbelsäule in die entgegengesetzte Richtung und krümmt sich aufwärts, während sich die Hinterfüße vom Boden abdrücken.

Dank dieser Flexibilität des Rückgrats berühren die Hinterfüße den Boden vor den Vorderfüßen. Dann können die Muskeln der Hinterbeine, unterstützt von den Rückenmuskeln, das Tier nach vorne ziehen, während sich die Wirbelsäule streckt und erneut die entgegengesetzte Krümmung beschreibt. Dies ähnelt dem Bewegungsablauf eines Sportruderers, der sich weit vorbeugt, dann den Rücken nach hinten wölbt und mit den kräftigen (Hinter-)Beinmuskeln nach vorne drückt.

Die Beweglichkeit ihrer Wirbelsäule verhilft den Geparden zwar zu einer enormen Geschwindigkeit, aber wir sollten dankbar sein, dass Pferde ein anderes System bevorzugen. Das Reiten auf einem Pferd, dessen Rückgrat sich wie das eines Geparden bewegte, wäre wie der Ritt auf einem Schleudersitz. Pferde und andere Huftiere halten ihre Wirbelsäule beim Laufen relativ waagerecht. Im Gegensatz zu den Geparden sind sie nicht für schnelle Sprints geschaffen – ihre Evolution hat sie zu ausdauernden Läufern für ein gleichmäßiges Tempo im offenen Gelände geformt. Ein Gepard kann mit über 110 km/h schneller rennen als alle anderen Tiere, aber nur über kurze Strecken. Ein Pferd kann einen ruhigen Arbeitsgalopp stundenlang durchhalten. Das ermöglichen ihm verschiedene Modifikationen seines Säugetierkörpers.

Erstens haben sich die Beine des Pferdes verlängert, da sich der Fuß gestreckt und die Ferse vom Boden abgehoben hat. Viele Säugetiere, wie beispielsweise Katzen und Hunde, laufen ständig auf den Zehen, aber das Pferd hat diese Entwicklung buchstäblich auf die Spitze getrieben. Es hat seine Zehen so weit gestreckt, bis es, wie eine Ballerina, auf der Zehenspitze stand.

Diese Haltung, kombiniert mit einer starken Verlängerung der Knochen, vergrößert die Schrittlänge und ermöglicht eine energiesparende Geschwindigkeit. Was beim Hinterbein aussieht wie das nach hinten gerichtete Knie, ist in Wirklich-

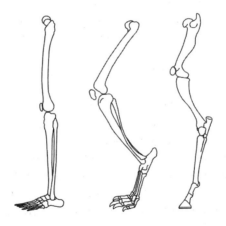

Hinterbeine von Mensch, Hund und Pferd (nicht maßstabsgetreu) zur Darstellung unseres plattfüßigen Standes mit der Ferse auf dem Boden, des permanenten Zehenstands von Hunden (und Katzen) und des Ballerinastands von Pferden

keit die Ferse, die permanent vom Boden abgehoben ist und sich auf halber Höhe des Beins befindet. Das Knie sitzt am oberen Beinende, direkt am Körper, und zeigt, wie zu erwarten, nach vorne. Was am Vorderbein des Pferdes aussieht wie ein Knie, ist eigentlich ein Handgelenk. Der Ellbogen zeigt, genau wie bei uns, nach hinten und befindet sich nun ebenfalls oben am Bein.

Zweitens ist das Pferdebein durch eine Reduzierung der Knochenzahl leichter geworden. Die seitlichen Zehen an allen vier Füßen sind praktisch völlig geschrumpft und nur der mittlere Zeh ist erhalten geblieben. Die Anzahl der Knochen im Fuß hat sich verringert und aus den zwei parallelen Knochen des Unterschenkels ist einer geworden. Der Gewichtsverlust spielt eine wichtige Rolle, denn bei jedem Schritt, besonders beim Rennen, muss das Pferd das Bein anheben und nach vorne werfen. Je schwerer das Bein, insbesondere nahe am Fuß, ist, desto mühevoller wird die Bewegung. Ein leichteres Bein lässt sich mit viel weniger Anstrengung anheben und schnell bewegen.

Drittens, wenn auch aus dem gleichen Grund, befinden sich die schweren kräftigen Muskeln, die das Bein bedienen, nicht in der Nähe der Knochen, die sie bewegen sollen. Unsere Wadenmuskeln können sehr stark entwickelt sein und befinden sich am unteren Ende der Beine, wo sie bei jedem Schritt anzuheben sind. Beim Pferd sitzen alle massigen Muskeln am oberen Beinende in den starken Hinterhänden und Schultern. Diese Muskeln sind über leichte, drahtähnliche Sehnen mit den Knochen der Unterschenkel und Füße verbunden. Die Muskeln ziehen an den Sehnen, die ihrerseits an den Knochen ziehen und die Beine bewegen. Der Kombination dieser Anpassungen verdankt das Pferd seine leichten und schlanken Gliedmaßen, mit denen es über weite

Strecken ein hohes Tempo gehen kann, ohne allzu sehr zu ermüden.

Manchmal können Sehnen eine Bewegung auch direkt unterstützen, weil sie eine natürliche Elastizität aufweisen. Die uns bekannteste Sehne ist die Achillessehne über unserer Ferse. Beim Känguru ist die Achillessehne sehr lang und beim Hüpfen macht sich das Tier ihre elastischen Eigenschaften zunutze. Einen Großteil seiner Sprungkraft bezieht es aus dem natürlichen Rückstoß der Sehne, nicht aus aktiven Muskelkontraktionen. Auf diese Weise kann sich das Känguru mit sehr geringem Energieaufwand schnell fortbewegen – wie ein Kind auf einem Pogostick, das die Sprungfeder die ganze Arbeit tun lässt.

## Geschwindigkeit und die Reduktion von Zehen

Die modernen Pferde stehen auf der Spitze der dritten Zehe ihrer Vorder- und Hinterfüße. Ihre Ahnen hatten diesen Ein-Zehen-Stand bereits vor etwa 5 Millionen Jahren erworben, nachdem sie die Wälder ihrer Urheimat verlassen und sich an ein Leben im offenen Grasland angepasst hatten.

Bei zahlreichen modernen Tieren, insbesondere bei den Huftieren, ist zu beobachten, dass sie von den ursprünglich fünf Zehen eine oder mehrere verloren haben. Nashörner gehen auf drei Zehen, Kühe und Hirsche bewegen sich auf den Spitzen von zwei Zehen fort, die wie ein in der Mitte gespaltener Huf aussehen und ihnen den Namen „Paarhufer" eingebracht haben. Die Reduktion von Zehen ist nicht auf Säugetiere beschränkt. *Tyrannosaurus rex* und viele seiner Verwandten gingen auf drei Zehen, und unter den heutigen Vögeln besitzt der Laufvogel Strauß nur noch zwei Zehen.

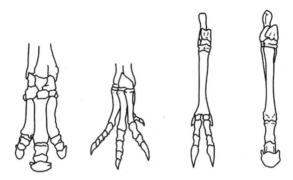

Reduktion von Zehen bei einem Nashorn, dem fleischfressenden Dinosaurier *Allosaurus*, einem Hirsch und einem Pferd (nicht maßstabsgetreu)

Wir Menschen haben keine evolutionäre Phase durchgemacht, die es erfordert hätte, dass wir uns schnell über offenes Gelände bewegen. Den überwiegenden Teil unserer Entwicklungsgeschichte haben wir im Gebüsch und auf Bäumen verbracht. Demzufolge haben wir alle unsere Zehen und Finger behalten und gehen nach wie vor auf den Fußsohlen, wobei unsere Fersen den Boden berühren. Nur wenige Säugetiere tun dies noch; zu ihnen gehören die Bären.

## Warmes Blut

Als Säugetiere sind wir warmblütige Tiere, wobei „warmblütig" freilich nur bedeutet, dass wir unabhängig von der Umgebungstemperatur eine konstante innere Temperatur halten können. Säugetiere wie auch Vögel sind dazu in der Lage und sollten daher eigentlich als „Konstanttemperatur-Tiere" oder

„gleichwarm" bezeichnet werden. Entsprechend sind Fische, Amphibien und Reptilien nicht wirklich kaltblütig – sie sind lediglich abhängig von ihrer Umgebung oder von direkter Sonneneinstrahlung, die ihnen die für den Stoffwechsel erforderliche Wärme liefern müssen. In einer kalten Umgebung sind sie eher träge, doch wenn es warm ist, können sie sehr aktiv werden. Jeder, der schon einmal eine Schildkröte beobachtet hat, die sich mühsam durch einen englischen Garten schleppt, und dann eine Reise an den Äquator macht und sieht, wie lebhaft Schildkröten unter der Tropensonne Fangen spielen, weiß sofort, was ich meine. Das Halten von Schildkröten als Haustiere wird mittlerweile in Großbritannien – zweifellos sehr zu ihrem Wohle – eingeschränkt.

Warmblütig zu sein, bietet einem Tier den Vorteil, dass es ungeachtet der klimatischen Bedingungen aktiv sein kann. Es kann nämlich nun auch Nahrung verwerten, die zur Verfügung steht, wenn die Sonne nicht scheint. Möglicherweise entwickelten sich die Säugetiere zu Warmblütern, um genau diese Marktlücke auszunutzen, während die Reptilien in der kühlen Nachtluft vor sich hindösten.

Der Nachteil ist, dass ein warmblütiges Tier eine Menge Energie aufwenden muss, um eben diese Körperwärme zu halten. Darum muss es in regelmäßigen Abständen Nahrung zu sich nehmen, auch wenn es nicht aktiv ist. Eine Schlange braucht vielleicht nur einmal im Monat eine Mahlzeit, während die meisten Säugetiere und Vögel nach einigen Tagen ohne Nahrung sterben.

Ein gleichwarmes Tier wie ein Säugetier muss außerdem in der Lage sein, seine Temperatur sogar bei großer körperlicher Anstrengung (beim Rennen oder Klettern) konstant zu halten oder wenn die Umgebung zu heiß ist. Viele Säugetiere haben dieses Problem mit Schweißdrüsen in ihrer Haut gelöst. Die von ihnen ausgeschiedene Feuchtigkeit verdunstet und leitet die Hitze des Körpers ab. Auch über die Lungen, den Mund und die Nase lässt sich Hitze ableiten; aus diesem Grund hecheln viele Säugetiere auch, wenn ihnen heiß ist. Wie stark sie schwitzen oder hecheln, ist von einer Säugetierspezies zur anderen verschieden. Weil Hunde nur an den Pfoten Schweißdrüsen haben, hecheln sie, um Körperhitze abzuleiten, vor allem über Nase und Lungen. Außerdem lassen sie ihre lange Zunge aus der Schnauze hängen, was die Verdunstung unterstützt. Wir hecheln auch, wenn uns heiß ist, aber viel wichtiger für uns ist es, zu schwitzen und uns Luft zuzufächeln, damit der Schweiß schneller verdunstet (darum fühlt sich ein Ventilator kühl an). Natürlich können wir auch unsere Oberbekleidung ablegen – was anderen Säugetieren ja nicht möglich ist.

## Männliche Keimdrüsen

Auch wenn wir nun vielleicht ein etwas unschickliches Thema ansprechen – ein merkwürdiges Merkmal des Säugetierkörpers besteht darin, dass die Hoden nach unten gewandert sind (Hodenabstieg) und außerhalb der Körperhöhle in einem Hautbeutel, dem Hodensack, hängen. Dies ist bei den meisten Spezies der Fall, und zwar normalerweise permanent, gelegentlich jedoch – wie bei den Eichhörnchen und einigen Fledermäusen – nur während der Fortpflanzungszeit. Mit anderen Organen der Säugetiere ist das nicht passiert. Wir haben nicht zwei Beutel aus dem Rücken hängen, in denen sich unsere Nieren befinden, oder eine große Leber, die aus dem unteren Ende unseres Brustkorbs hervorbaumelt. Auch die Keimdrüsen der Frauen (ihre Eierstöcke) hängen nicht aus dem Körper heraus. Warum dies ausgerechnet die männlichen Keimdrüsen tun, ist ein Rätsel.

Die gängige Erklärung lautet, dass die Hoden kühl gehalten werden müssen, weil die Bildung von Spermien am besten bei einer Temperatur erfolgt, die etwa 1 bis 3 °C niedriger ist als die Temperatur im Körperinnern. Elefanten, Gürteltiere, Faultiere, Wale, Robben und Seelöwen besitzen jedoch allesamt innere Hoden. Auch bei Vögeln, die eine höhere Körpertemperatur als Säugetiere haben, befinden sich die Hoden im Innern des Körpers. Die Körpertemperatur von Hühnern und Wellensittichen liegt bei 41 °C, im Vergleich zu den 37 °C beim Menschen. Es ist wohl anzunehmen, dass Hoden, die sich im Körperinnern entwickelt haben, darauf ausgelegt gewesen sein sollten, bei der dort herrschenden Temperatur auch zu funktionieren. „Cool bleiben!" scheint eine dürftige Erklärung für ihre Auslagerung zu sein.

Logischer wäre die Schlussfolgerung, dass die Spermaproduktion bei einer Temperatur unterhalb der Körpertemperatur am effektivsten ist, weil sich die Hoden von Säugetieren so entwickelt haben, dass sie außerhalb des Körpers bei dieser niedrigeren Temperatur gut arbeiten – nicht etwa umgekehrt. Ist dies jedoch falsch und die steigende Körpertemperatur einiger Reptilien beeinträchtigte tatsächlich die Spermaproduktion, so müssen Männer nun vielleicht einfach einmal die Schmach ertragen, dass die Evolution für sie nur eine Lösung gewählt hat, die irgendwie funktionierte, statt eine perfekte Lösung zu sein. Als die Körpertemperatur bei denjenigen Reptilien anstieg, die die Vorläufer der Säugetiere und Vögel waren, lösten die Vögel das Problem möglicherweise, indem sie die Physiologie der Spermaproduktion in den Hoden veränderten, während die Säugetiere das Problem lösten, indem sie die Hoden aus dem Körper verbannten. Dies mag beschämend unattraktiv und höchst unpraktisch sein, aber es funktionierte – und so blieb es dabei.

Was auch immer der Grund für den Abstieg der Säugetierhoden war – er wurde nur dadurch möglich, dass die Säugetiere ihre Beine zum Körper hin eindrehten und sich vom Boden hochstemmten. Bei Amphibien und Reptilien ist die Bodenfreiheit meistens gleich null.

## Was uns die vierbeinigen Säugetiere als unsere Urahnen hinterlassen haben

Unserer Zeit als vierbeinige Säugetiere verdanken wir: warmes Blut, Haare, Schweißdrüsen, Brüste, frei schwingende Hoden sowie die Fähigkeit, Schultern und Hüften in entgegengesetzte Richtungen zu drehen und unsere Zehen zu berühren. Außerdem schlüpfen wir nicht mehr aus einem Ei im Nest, sondern entwickeln uns im Mutterleib und trinken als Neugeborene Milch.

# 10

## Primaten

Wir sind Primaten. Es gibt bislang noch keinen fossilen Nachweis für die frühesten Ursprünge dieser Säugetiergruppe, doch vor 55 Millionen Jahren lebten kleine eichhörnchenartige Primaten in Nordamerika und Europa, die vermutlich mit Nagetieren verwandt waren.

Dass es nur sehr wenige Fossilienfunde für Primaten gibt, sollte uns nicht überraschen. Sie haben offensichtlich überwiegend in Wäldern gelebt, und in Waldböden verwandeln sich Knochen nur schwer in Fossilien. Das Erdreich ist meist leicht sauer, was Knochen angreifen kann, und Pflanzenwurzeln gemeinsam mit permanenter Feuchtigkeit befördern eher Zerfall als Konservierung. Wandelt sich das Klima und die Bäume verschwinden, so ist der Erdboden der Erosion preisgegeben, und möglicherweise noch vorhandene Knochen werden zerstört. Fossilien findet man eher an Orten, wo sich Sediment- oder Ascheschichten über körperlichen Überresten ablagerten und der Mangel an Sauerstoff den Zerfall verhinderte. In bewaldeten Gegenden ist dies nicht sehr wahrscheinlich.

Abgesehen von uns Menschen sind die meisten modernen Primaten nach wie vor Baum- oder Waldbewohner. Die beiden uns bekanntesten Gruppen sind die Tieraffen (*monkeys*) und die Menschenaffen (*apes*).* Tieraffen haben normalerweise einen langen Schwanz, während die Menschenaffen ihren verloren haben. Das Fehlen des Schwanzes ist ein solch auffälliges Merkmal, dass eine schwanzlose Affenart, die Berberaffen, fälschlich die englische Bezeichnung *Barbary Ape*, „Berber-Menschenaffe", erhalten hat. Tieraffen benutzen ihren Schwanz zur Balance, wenn sie auf Zweigen laufen; bei manchen Arten dient der Schwanz auch zum Greifen und lässt sich wie ein zusätzlicher Arm um Äste schlingen. Einige Spezies können sogar nur am Schwanz hängen, während sie Nahrung sammeln. Die viel größeren Menschenaffen spazieren üblicherweise nicht über Zweige. Meistens schwingen sie sich mit den Armen von Ast zu Ast.

Bei den meisten Säugetieren tragen die Gliedmaßen den Körper, indem sie ihn vom Boden abhalten und dadurch in ihrer Längsachse gestaucht werden, aber bei einem Primaten, der an einem Ast hängt, wird der Arm durch das ganze Gewicht seines Besitzers gedehnt. Damit dabei nicht die Schultermuskeln in Mitleidenschaft gezogen werden, die für eine solche Belastung nicht geschaffen wurden, haben die Primaten ein ausgeprägtes Schlüsselbein entwickelt, das hilft, die Last gleichmäßig zu verteilen. Die Läufer unter den Säugetieren, wie Pferde und Antilopen – die sich nie von Ästen hängen lassen –, haben ihr Schlüsselbein ganz verloren.

---

* Es ist schwierig, für die hier gemeinte Bedeutung von *monkey*, also Affen, die keine Menschenaffen sind, einen entsprechenden deutschen Ausdruck zu finden. Der Begriff „Tieraffe" ist zwar ungewöhnlich, aber treffend und wird auch von namhaften Zoologen, wie Frans de Waal, verwendet. Ich danke Monika Niehaus-Osterloh für diesen Hinweis. (Anm. der Übers.)

Im Gegensatz zu anderen Säugetieren, die rotgrünblind sind, verfügen alle Primaten, so wie wir, über die Fähigkeit zum Farbsehen. Damit können diese baumbewohnenden Frucht- und Blütenfresser reife rote Früchte und rote Blüten vor einem Hintergrund aus grünem Laub erkennen. Primaten verlassen sich viel stärker auf ihr Sehvermögen als auf ihre anderen Sinne, und unser Geruchssinn ist nicht besonders gut ausgebildet, weswegen wir abgerichtete Bluthunde und andere Hunde brauchen, wenn es wichtig ist, bestimmte Gerüche zu erkennen.

Tieraffen findet man heute in allen wärmeren Gegenden Südamerikas, Afrikas und Asiens, Menschenaffen leben jedoch nur in Südostasien (Gibbon und Orang-Utan) und Zentralafrika (Schimpanse und Gorilla). Orang-Utans, Schimpansen und Gorillas fasst man unter der Bezeichnung „Große Menschenaffen" zusammen. Es gibt zwei Arten von Orang-Utans, zwei Arten von Schimpansen – den Gemeinen Schimpansen und den Zwergschimpansen oder Bonobo – sowie eine Gorillaart, wobei der Gorilla jedoch drei Unterarten aufweist – den Westlichen Flachlandgorilla, den Östlichen Flachlandgorilla und den Berggorilla.

Unsere engsten lebenden Verwandten unter diesen Menschenaffen sind die Schimpansen, mit denen wir 99% unserer DNA gemeinsam haben. Anders ausgedrückt, sind wir nur zu 1% keine Schimpansen. Die äußere Erscheinung eines Tieres ergibt sich jedoch nicht einfach aus der Sequenz seiner Gene. Wir unterscheiden uns im Aussehen von einem Schimpansen viel stärker als nur um 1%. Die äußere Erscheinung hängt nicht nur von der Abfolge der Gene ab, sondern davon, wie die Anleitungen aus diesen Genen realisiert werden. Eineiige Zwillinge haben identische Gene und sehen identisch aus. Ein Mensch und ein Schimpanse haben fast identische Gene und sehen ganz verschieden aus. Vermutlich ist bei den ein-eiigen Zwillingen auch die Art und Weise identisch, wie die identischen Anweisungen der Gene umgesetzt werden, wo-gegen sich die Umsetzung der fast identischen Anweisungen bei Mensch und Schimpanse unterscheidet. In diesem Falle scheint die natürliche Selektion die Evolution nicht durch die Modifizierung von Genen, sondern durch die Modifizierung ihrer Funktionsweisen vorangebracht zu haben.

Menschen und Schimpansen haben sich erst vor ein paar Millionen Jahren aus einem gemeinsamen Ahnen entwickelt. Aus diesem Grunde haben Schimpansen schon immer das Interesse von Wissenschaftlern geweckt, die den Ursprung des Menschen und vor allem seine Sprache erforschen. Die Stimmbänder von Schimpansen unterscheiden sich von un-seren so sehr, dass sie nicht sprechen können, selbst wenn sie es wollten. Einige Forscher behaupten jedoch, Schimpansen beigebracht zu haben, über Zeichensprache zu kommuni-zieren. Diese Schimpansen beherrschen keine Grammatik oder Sätze, kennen aber die Zeichen für Objekte und einige andere Wörter. Ein Schimpansenweibchen namens Washoe kann 240 verschiedene Zeichen verwenden und stellt sie ge-legentlich zu neuen Kombinationen zusammen, die sie noch nicht gelernt hat; so bezeichnet sie eine Wassermelone als „Drink Fruit", also „Trinkfrucht". In der freien Natur verstän-digen sich Schimpansen durch Rufe und Schreie, mit denen überwiegend emotionale Zustände geäußert werden, doch sie können auch sehr gut in verschiedenen Gesichtsausdrücken, Körpersprache und Gesten lesen. Einige erfinden sogar eigene Signalzeichen. Vermutlich deshalb sind sie in der Lage, in Ge-fangenschaft menschliche Zeichensprache zu übernehmen.

Wie wir und im Unterschied zum Gorilla ergänzen die beiden Schimpansenarten ihren Speiseplan aus Blättern,

Früchten und Samen durch Fleisch, das bis zu einem Zehntel der Nahrung ausmacht. Bonobos fressen Nagetiere und Schlangen, während sich Gemeine Schimpansen zusammentun, um kleinere Tieraffen, Schweine oder Antilopen zu jagen und zu töten.

Die Parallelen zwischen uns und Schimpansen in Bezug auf soziale Ordnung, Jagdgemeinschaften und kommunikative Fähigkeiten deuten darauf hin, dass wir zahlreiche unserer sozialen Eigenschaften erworben haben, als wir noch in den Wäldern lebten, und nicht erst, als wir zum *Homo sapiens* wurden. Das wiederum spricht dafür, dass wir uns nicht auf einzigartige Weise von anderen Spezies abheben, sondern lediglich ein Teil einer kontinuierlichen Typenskala sind.

## Die Hand der Primaten

Die meisten Säugetiere besitzen als Greiforgane nur ein Paar zahnbewehrter Kiefer oder zwei Vorderpfoten, die sie aneinanderdrücken können. Nur die Primaten verfügen über einen hoch entwickelten opponierbaren Daumen, der den anderen Fingern gegenübergestellt werden kann. Die Hand der Primaten ist somit eine organische Greifvorrichtung, bei der die Finger als Team zusammenarbeiten. Dies möchte ich Ihnen nun demonstrieren, aber zuvor lesen Sie bitte folgende Warnung:

DRÜCKEN SIE BEI DEM NACHFOLGENDEN EXPERIMENT *NICHT* DEN MITTELFINGER MIT DER ANDEREN HAND NACH UNTEN, WÄHREND SIE DEN ZEIGEFINGER ANHEBEN, WEIL DIES EINE SEHNE IN IHREM UNTERARM BESCHÄDIGEN KÖNNTE.

Nun legen Sie eine Hand mit dem Handrücken nach unten flach auf eine ebene Fläche. Krümmen Sie den kleinen Finger, bis er die Handfläche berührt. Sie werden bemerken, dass sich der Ringfinger unwillkürlich mit anhebt – er kann gar nicht anders. Entsprechend hebt sich beim Krümmen des Zeigefingers, bis er die Handfläche berührt, auch der Mittelfinger. Das geschieht, weil die Hand eine Evolution zum Greifen durchlaufen hat, und dies lässt sich mit minimaler Anstrengung und maximaler Geschwindigkeit erreichen, wenn die Finger einen zusammenhängenden Schließmechanismus bilden. In unserer Hand geht die Schließbewegung vom kleinen Finger aus. Wenn Sie in einer schnellen, fließenden Bewegung alle Finger krümmen, bis die Fingerspitzen die Handfläche berühren, ist es viel einfacher und fühlt sich viel natürlicher an, wenn Sie mit dem kleinen Finger beginnen und mit dem Zeigefinger aufhören, als umgekehrt.

Bei den Primaten steht diesem Fingerteam unser opponierbarer Daumen gegenüber. Opponierbare Finger oder Zehen sind im Tierreich allgegenwärtig, aber in nur wenigen Gruppen besitzen alle Vertreter diese Fähigkeit. Vögel, die auf einer Stange hocken können, haben opponierbare Zehen, doch bei einigen Spezies steht drei Zehen eine vierte gegenüber, während andere Spezies zwei Zehen besitzen, denen zwei gegenüberstehen. Manche Reptilien, wie das auf Zweigen kriechende Chamäleon, haben ebenfalls opponierbare Zehen. Bei den Wirbellosen gibt es ganz unterschiedliche opponierbare Greiforgane – die bekanntesten sind die Scheren der Krabben und Skorpione oder die Vorderbeine von Insekten wie der Gottesanbeterin. All diese Strukturen sind darauf ausgerichtet, Objekte zu „manipulieren" (von lateinisch *manus*, „Hand").

Wir besitzen nur an den Vorderbeinen einen opponierbaren Daumen; bei anderen Primaten befinden sich „Daumen" an Vorder- *und* Hinterbeinen. Wir verloren die opponierbare Zehe an unseren Füßen, als wir von den Bäumen hinunterstiegen, aber die Größe unserer großen Zehe kündet noch von ihrer damaligen Sonderrolle.

Von allen Menschenaffen hat der Mensch die geschicktesten Hände. Wir können ohne Anstrengung mit der Daumenspitze die anderen Fingerspitzen berühren, weil unser Daumen relativ lang ist. Schimpansen besitzen einen viel kürzeren Daumen, mit dem sie Objekte nicht so präzise bearbeiten können wie wir. Der kürzere Daumen entwickelte sich, weil Menschenaffen, die sich an Ästen entlanghangeln, die Äste normalerweise nicht umgreifen. Stattdessen formen sie mit den gekrümmten Fingern einen Haken und stülpen ihn darüber. Dabei kommt der kurze Daumen, der sich nahe am Handgelenk befindet, diesem Haken nicht in die Quere. Schimpansen umgreifen einen Ast nur, wenn sie sich langsam bewegen oder auf ihm stehen, aber selbst dann ergreifen sie ihn meistens nicht, sondern stützen sich eher auf die Fingerknöchel, wie sie es auch beim Gehen auf dem Boden machen.

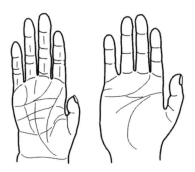

Hand eines Schimpansen und eines Menschen

Zum besseren Manipulieren von Objekten hat die Hand der Primaten eine weitere Anpassung durchlaufen. Bei den meisten ihrer Spezies hat sich die Kralle zu einem flachen Nagel entwickelt. Das schützt das Fingerendglied und ermöglicht zugleich dem empfindlichen Ballen an der Fingerspitze, selbst harte glatte Oberflächen zu erfühlen und zu manipulieren, wobei der feste Griff durch Reibung ermöglicht wird und nicht durch das Durchbohren des Gegenstands mit einer nadelartigen Spitze. Um die Reibung zu verstärken, ist die Haut in diesem Bereich fein geriffelt, was unsere Fingerabdrücke ergibt.

## Die Beweglichkeit der Arme

Die Greifhand entwickelte sich, weil wir uns mit ihrer Hilfe leichter durch die Bäume bewegen konnten; Bäume sind jedoch keine allzu berechenbaren Umgebungen. Zweige können in alle möglichen Richtungen wachsen und ein undurchschaubares Gewirr an Greifmöglichkeiten bieten. Um den Bedürfnissen eines Primatenlebens gerecht zu werden, musste die natürliche Selektion einen Weg finden, die Greifhand eines Primaten in praktisch jede Position bringen zu können. Dies gelang ihr, indem sie den ganzen Arm modifizierte und ihm eine verblüffende Beweglichkeit verlieh.

Primaten können ihre Arme in alle Richtungen drehen. Nichts verdeutlicht das besser als die Arme eines Schwimmers bei einem Lagenrennen. Beim Delfin-, Rücken-, Brust- und Freistilschwimmen wird die ganze Bandbreite möglicher Armbewegungen bei Primaten nahezu perfekt demonstriert. Es fehlt nur der Schwimmstil, der den meisten anderen Säugetieren aufgezwungen wurde – das „Hundepaddeln".

Wenn wir mal nicht schwimmen, können wir eine Hand auf die entgegengesetzte Schulter legen und dann unseren Arm durch die Horizontale einen Dreiviertelkreis beschreiben lassen, bis er nach hinten zeigt. Wir können den Arm hängen lassen und ihn dann im Kreis vor unserem Körper herumschwingen (falls wir den Kopf zurücklehnen) oder im Kreis an unserer Seite. Bei den wenigen Positionen, die Primaten allein dank der Mobilität ihrer Arme nicht erreichen können, kommt ihnen die in Primaten hoch entwickelte bereits vertraute Drehbarkeit des Säugetierrückgrats zu Hilfe.

Doch mit einem Arm, der praktisch in alle Richtungen langen konnte, war die Geschichte noch nicht zu Ende. Äste und Zweige können sich um uns herum nicht nur an allen möglichen Stellen befinden, sie können auch in sämtliche vorstellbaren Richtungen wachsen – waagerecht, senkrecht, diagonal, von uns weg, zu uns hin. Um damit klarzukommen, muss sich die Hand eines Primaten, bevor sie zugreift, in jede mögliche Position drehen können. Dieses Problem löste die natürliche Selektion, indem sie die Verbindungen zwischen den beiden Unterarmknochen, Elle und Speiche, lockerte. Daraufhin ließen sich die beiden Knochen umeinander bewegen und der Unterarm konnte um seine Längsachse gedreht werden. Aus diesem Grunde können wir unsere Hände nun mit den Handflächen nach oben oder nach unten halten. Andere Säugetiere können das nicht. Zeigen unsere Handflächen nach oben, so sind die beiden Knochen parallel, drehen wir unsere Daumen nach innen, sodass die Handflächen nach unten zeigen, überkreuzen sie sich. Wenn Sie Ihren Unterarm mit der anderen Hand umfassen, können Sie die Bewegung der Knochen, vor allem nahe am Handgelenk, spüren. In Kombination mit der Beweglichkeit der anderen Gelenke in Arm und Schulter sind wir somit in der

Lage, unsere Hand vor unserem Körper auszustrecken und sie um mehr als 360° zu drehen.

Doch auch damit war das Ende der Evolution des Primatenarms noch nicht erreicht. Wir können außerdem mit der Hand nach links und rechts winken, indem wir nur das Handgelenk benutzen. Das ermöglicht uns, von einem senkrecht stehenden Ast zu einem Ast umzugreifen, der waagerecht von unserem Körper wegführt, ohne auch nur den Unterarm zu bewegen.

Und als ob das alles nicht genug wäre, können wir die Arme unabhängig voneinander in nahezu jeder Kombination bewegen – einen vorwärts schräg nach oben und den anderen rückwärts schräg nach unten oder seitwärts, oder beide Arme zur gleichen Seite, aber in unterschiedlicher Höhe. Unsere Urahnen konnten überdies gleichzeitig auch mit ihren Greiffüßen nach Ästen hangeln.

Diese unglaubliche Bewegungsvielfalt ist eine bemerkenswerte Errungenschaft, die andere Tiere nicht vorzuweisen haben. Pferde und Hunde können ihre Vorderbeine lediglich in einem kleinen Bogen vor- oder rückwärts bewegen, und selbst die akrobatischen Eichhörnchen sind im Vergleich zum Menschen in ihrer Mobilität erheblich eingeschränkt.


## Dreidimensionales Sehen

Für jedes baumbewohnende Tier, das von Ast zu Ast springen muss, ist es nicht nur unerlässlich zu wissen, wo sich der nächste Ast befindet, sondern auch, wie weit er entfernt ist. Eine solche Tiefenwahrnehmung erfordert, dass ein Tier ein und dasselbe Bild mit beiden Augen sieht. Nur wenn zwei Augen dasselbe Objekt aus leicht verschiedenen Blickwinkeln wahrnehmen (wegen des Augenabstands), kann das Gehirn die Entfernung berechnen. Darum sind die Augen der Primaten zur Vorderseite des Gesichts gewandert, wo sie auch heute bei uns nebeneinander liegen. Die Augen anderer Säugetierformen sind jeweils an deren Lebensweise angepasst worden. Viele Pflanzenfresser, denen Angriffe von Raubtieren drohen (wie beispielsweise Kaninchen), haben Augen, die hoch oben an den Seiten des Kopfes sitzen und nach außen gerichtet sind. Das verleiht ihnen eine Rundumsicht von 360°, aber eine nur sehr geringe Tiefenwahrnehmung.

Die Primaten haben die Tiefenwahrnehmung auf Kosten eines sehr weiten Blickfeldes maximiert. Um diese Einschränkung auszugleichen, haben sie nach und nach einen immer beweglicheren Hals entwickelt, sodass ihr Kopf nun zu den mobilsten im Tierreich gehört. Nur wenige Säugetiere können den Kopf so weit rückwärts drehen wie die Primaten. Nach wie vor können wir nicht direkt nach hinten sehen, doch da Primaten soziale Tiere sind, können sich die meisten darauf verlassen, dass Artgenossen sie vor Gefahren von hinten warnen.

## Aufrechter Stand

Baumbewohnende Primaten stehen aufrecht. Bei Tieren, die in Baumwipfeln leben und dort nach Ästen langen müssen, ist das nicht weiter verwunderlich. So stehen sie oft auf einem Ast und greifen nach einem höher gelegenen Halt. Diese Fähigkeit demonstrieren sie auch auf dem Erdboden, wo die meisten Affen auf den Hinterbeinen stehen oder sogar laufen können; dies ist jedoch nicht ihre normale Fortbewegungsart und wirkt häufig ungeschickt und ineffizient. Dennoch sollten wir nicht davon ausgehen, dass unsere affenähnlichen Vorfahren eine neue Haltung entdeckt hatten, als sie die Bäume verließen, um fortan aufrecht durchs Leben zu gehen. Vielmehr war dies die Weiterentwicklung einer Haltung, die es bei anderen Primaten auch schon gab. Unsere Urahnen erprobten sie jetzt nur auf dem Boden statt in den Zweigen. So wie die Fische bereits Lungen und Gliedmaßen besaßen, bevor sie das Wasser verließen, konnten wir schon aufrecht stehen, bevor wir von den Bäumen stiegen.

## Männliche Genitalien

Auf die Gefahr hin, erneut ein unanständiges Thema anzuschneiden, ist auf ein weiteres besonderes Merkmal männlicher Primaten hinzuweisen – einen permanent sichtbaren Penis. Das hängt möglicherweise mit der Fähigkeit der Primaten zusammen, auf den Hinterbeinen zu stehen, wobei sie zwangsläufig ihre Unterseite präsentieren. Bei den Reptilien befindet sich der Penis normalerweise vollständig im Körper, solange er nicht gebraucht wird. Bei anderen Säugetieren (Hengste, Bullen) ist zwar zu erkennen, wo sich der Penis befindet, doch das Organ selbst ist meistens im Körper verborgen; nur bei wenigen Säugetieren ist er ständig sichtbar.

## Was uns die baumbewohnenden Primaten als unsere Urahnen hinterlassen haben

Unseren baumbewohnenden Urahnen verdanken wir: Greifhände mit einem opponierbaren Daumen und großer Fingerfertigkeit, Fingernägel und Fingerabdrücke, eine große

Bandbreite verschiedener Armbewegungen einschließlich eines drehbaren Unterarms, ein ausgeprägtes Schlüsselbein, eine große Zehe, die Fähigkeit, auf den Hinterbeinen zu balancieren, einen sehr beweglichen Hals, nach vorn gerichtete Augen und Tiefenwahrnehmung, die Fähigkeit, Rot von Grün zu unterscheiden sowie permanent sichtbare männliche Genitalien. Außerdem verloren wir zu jener Zeit unseren Schwanz.

# 11

## „Hominiden"

Man geht davon aus, dass wir von menschenaffenähnlichen Urahnen in Afrika abstammen. Diese Theorie
wurde aufgestellt, weil die meisten Spezies der Großen Menschenaffen in Zentralafrika leben; nur Orang-Utans leben
auf einem anderen Kontinent. Moderne Analysen, wie DNA-
Untersuchungen, stützen diese These eines afrikanischen Ursprungs.

In den vergangenen 10 Millionen Jahren hat es in Afrika
anscheinend zahlreiche Primaten gegeben, die Menschenaffen und möglicherweise auch Menschen ähnelten. Diejenigen, die wir in dieselbe Familie wie uns selbst einordnen,
nennen wir „Hominiden", denn die wissenschaftliche Bezeichnung für unsere Familie lautet *Hominidae*. Bis vor kurzem hatten wir noch eine recht hohe Meinung von unserer
Einzigartigkeit und sortierten von den heute lebenden Spezies niemanden außer uns selbst in diese Familie ein; nur gelegentlich waren wir bereit, fossile Spezies mit aufzunehmen.
Inzwischen gibt es dagegen Fachleute, die diese Klassifikation etwas realistischer und bescheidener angehen und bereit

sind, die Großen Menschenaffen – Schimpanse, Gorilla und Orang-Utan – als lebende Hominiden anzuerkennen.

Neuere Analysen von Fossilien und DNA deuten darauf hin, dass sich unsere Vorfahren vor etwa 5–7 Millionen Jahren von den Vorfahren der Schimpansen trennten; aus der Periode, die 4–10 Millionen Jahre zurückliegt, gibt es jedoch enttäuschend wenige Fossilienfunde (weil es sich um Waldbewohner handelte). Wissenschaftler können über unsere Urahnen sagen, dass die Evolution die Anatomie ihrer Menschenaffenkörper auf verschiedene Weise modifizierte: Der Kiefer stand weniger hervor, die Eckzähne wurden kleiner und große Backenzähne zum Kauen wurden wichtiger, das Gehirn nahm an Größe zu, und natürlich richteten sie sich immer weiter auf, entwickelten sich zu Zweibeinern und verloren die Greiffüße anderer Menschenaffen.

Ebenso verschwand die dichte Körperbehaarung. Wir haben nach wie vor Haare am ganzen Körper, aber bei den meisten Menschen sind sie so kurz und fein, dass sie praktisch unsichtbar sind. Selbst bei stärker behaarten Personen ist das Haar nicht dicht genug, um isolierend zu wirken, sodass wir, außer in den heißesten Gegenden, Kleidung benötigen. Die Anthropologen wissen noch nicht, wann in unserer Entwicklungsgeschichte wir unser Fell verloren haben oder warum, weil Haare nicht fossilisieren. Ob es dazu kam, weil wir aus dem kühlen Schatten der Bäume in die offenen Ebenen wanderten, ist reine Spekulation.

Zur Zeit existieren zwei Theorien zu unserer Evolution aus Menschenaffen. Die erste lautet, dass sich die Merkmale des menschlichen Körpers nur einmal allmählich aus einem menschenaffenähnlichen Körper entwickelt haben. Das ist das sogenannte lineare (oder übersichtliche) Modell der menschlichen Evolution und entspricht wahrscheinlich den gängigsten Vorstellungen. Nach dem zweiten (unübersichtlichen) Modell, das einem Busch ähnelt, haben sich Merkmale, die wir üblicherweise als menschlich empfinden – aufrechter Gang, großes Gehirn, kleine Kiefer in einem demzufolge flachen Gesicht, Fellverlust, große Fingerfertigkeit – möglicherweise mehr als einmal in verschiedenen Gruppen von Menschenaffen entwickelt, wobei letztlich nur ein Exemplar überlebte und zu unserem Urahnen wurde.

Diese zweite Sichtweise würde bedeuten, dass das Fossil eines Primaten, der aufrecht ging und ein flaches Gesicht hatte, nicht unbedingt ein direkter Verwandter von uns wäre. Es hätte auch eine Spezies aus einer anderen Menschenaffenlinie sein können, die später wieder ausstarb. Nach dem unübersichtlichen Modell wäre auch denkbar, dass Fossilien verschiedener Primatentypen aus der gleichen Periode existieren, die unterschiedliche Kombinationen menschenähnlicher Merkmale aufweisen – beispielsweise mit einem großen Gehirn, aber wie ein Schimpanse auf allen Vieren laufend, oder mit einem kleinen Gehirn, aber aufrecht gehend, oder mit einem großen Gehirn, aber ausladenden Kiefern und mächtigen Eckzähnen wie ein Menschenaffe, oder noch andere Varianten.

Derzeit gibt es nicht genügend Fossilien aus der kritischen Periode vor 4–10 Millionen Jahren, um nachprüfen zu können, welche dieser beiden Theorien am ehesten zutrifft. In den letzten zehn Jahren sind, insbesondere in Ostafrika, mehr neue Fossilien aus jenem „dunklen Zeitalter" der Hominiden aufgetaucht als zuvor, aber so gut wie alle Fossilien, die in Büchern über die Evolution des Menschen behandelt werden, stammen aus den vergangenen 4 Millionen Jahren. Aufgrund dieser Fossilien wissen wir, dass unsere Urahnen bereits seit mindestens 3 750 000 Jahren auf zwei Beinen gegangen sind. Unsere eigene Spezies, die im 18. Jahrhundert von dem schwedischen Naturforscher Carl von Linné (Linnaeus) die Bezeichnung *Homo sapiens* erhielt, erschien erst vor etwa 100 000–200 000 Jahren als Nachfahre eines früheren Hominiden, *Homo erectus* oder „aufrecht gehender Mensch". *Homo sapiens* ist die lateinische Bezeichnung für „weiser Mensch" – ein recht hochtrabender Name.

## Die Wiege der Menschheit

Es ist noch unklar, wo in Afrika sich unsere Urahnen entwickelt haben. Oft wird behauptet, dies könne im Gebiet des Rift Valley in Ostafrika gewesen sein (im Bereich des heutigen Tansania, Kenia und Äthiopien), aber mit dieser Interpretation muss man vorsichtig sein. Wir wissen, dass dort menschliche und vormenschliche Fossilien aus zahlreichen Epochen existieren, aber das heißt noch nicht, dass sich dort die entwicklungsgeschichtliche Wiege unserer Spezies befunden hat. Die internationale Gemeinschaft hat ihr Augenmerk auf diese Region gelenkt, weil man weiß, dass von dort eine Menge Erkenntnisse zu erwarten sind und man davon verständlicherweise so viele wie möglich gewinnen möchte. Alle anderen Teile Afrikas sind von Anthropologen bisher jedoch noch nicht so akribisch durchsucht worden.

## Der Auszug aus Afrika

Wenn wir unsere Zeitreise bis zum *Homo sapiens* fortsetzen, so lässt sich über die Geschichte unserer eigenen Spezies wieder mehr sagen, insbesondere seit wir in der Lage sind, die DNA verschiedener Populationen weltweit zu vergleichen.

Einige Wissenschaftler vertreten mittlerweile die Auffassung, alle Menschen auf diesem Planeten außer den afrikanischen Eingeborenen stammten von einer relativ kleinen Gruppe von Personen ab, die vor etwa 60 000 Jahren die Mündung des Roten Meeres überquerten und in den Süden der Arabischen Halbinsel gelangt seien. Im Laufe von 5 000 Jahren hätten ihre Nachkommen China und Südostasien erreicht und in nicht einmal 10 000 weiteren Jahren seien sie in Australien angelangt. Vor fast 50 000 Jahren seien einige durch den Nahen Osten gezogen und hätten Europa besiedelt; andere wiederum hätten sich über Zentralasien ausgebreitet. Vor etwas mehr als 20 000 Jahren hätten sie Nordamerika erreicht und seien vor 15 000 Jahren bis nach Südchile vorgedrungen. Jede menschliche Rasse, die heute außerhalb von Afrika existiert, ist, geformt durch die natürliche Selektion, aus dieser einen Ahnengruppe entsprungen, und diese Gruppe war afrikanischen Ursprungs. Vor etwas mehr als 60 000 Jahren hatte jede Person auf diesem Planeten dunkle Haut, dunkle Haare und dunkle Augen.

Selbst heute noch sind dunkles Haar und dunkle Augen beim Menschen der Normalfall. Lediglich in einem kleinen Bereich, der Nordeuropa, Skandinavien und Russland westlich des Ural umfasst, entwickelten sich Menschen mit helleren Haaren und Augen. In diesem relativ kleinen geographischen Gebiet ist auch die Haut am hellsten. Die zunehmende Pigmentschwäche dieser anomalen „Rasse" scheint eine räumlich sehr begrenzte Entwicklung gewesen zu sein; durch Migration sind diese Merkmale mittlerweile in viele andere Teile der Welt transportiert worden.

60 000 Jahre scheinen für die Entwicklung der typischen Merkmale von Menschen aus arabischen Ländern, dem Mittelmeerraum oder Ostasien, Aborigines, Indianern oder (den

besonders ungewöhnlich aussehenden) Europäern keine sehr lange Zeit zu sein. Dies konnte jedoch geschehen, weil die Unterschiede zwischen uns allen buchstäblich nicht unter die Haut gehen. Trotz unserer vordergründigen „Rassenunterschiede" gehören wir alle nach wie vor ganz eindeutig zur selben Spezies.

# 12

## Unser Körper heute

Nachdem wir behandelt haben, wie unser Körper zu seiner heutigen Form kam, können wir uns diese Form nun etwas genauer ansehen. Dabei beginnen wir mit der uns bereits vertrauten Wirbelsäule.

Unser Skelett besteht aus den gleichen Knochen wie die Skelette der meisten anderen Säugetiere, doch relative Größe und Form der einzelnen Knochen unterscheiden sich je nach Spezies. In Gestalt und Spezialisierung der einzelnen Wirbel unseres Rückgrats spiegelt sich unsere Geschichte wider. Verfolgen wir die Wirbelsäule von oben nach unten, so finden wir sieben Hals-, zwölf Brust-, fünf Lenden- und fünf Kreuzwirbel. Die Kreuzwirbel verwachsen in einem frühen Lebensstadium zu einem einzigen Knochen, dem Kreuzbein, das die Rückseite des Beckens bildet.

Der lateinische Name des Kreuzbeins, *Sacrum*, leitet sich angeblich aus demselben Wortstamm wie sakral, also heilig, her, weil in alten Zeiten dieser heilige Knochen (lateinisch *Os sacrum*) bei Opferhandlungen eine Rolle spielte. Am unteren Ende des Kreuzbeins befinden sich drei bis fünf kleine

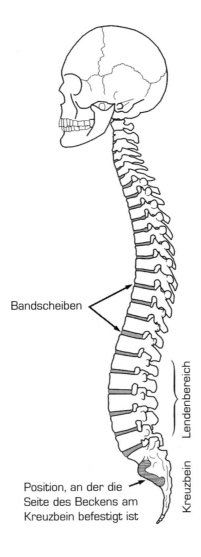

Bandscheiben

Lendenbereich

Kreuzbein

Position, an der die
Seite des Beckens am
Kreuzbein befestigt ist

Knochen, die ebenfalls in einem frühen Entwicklungsstadium zu einem einzigen Knochen verwachsen und das Steißbein bilden. Dessen lateinische Bezeichnung *Os coccygis* wiederum ist von dem altgriechischen Wort für „Kuckuck", *kokkyx*, abgeleitet, weil frühe Anatomen eine Ähnlichkeit zwischen dem Knochen und einem Kuckucksschnabel zu sehen vermeinten. Das Steißbein ist das entwicklungsgeschichtliche Überbleibsel des Schwanzes unserer Vorfahren; seine Spitze lässt sich direkt unter der Haut zwischen den oberen Ansätzen der Pobacken ertasten.

Die heutige Gestalt unserer Wirbelsäule entstand vor allem im Zuge unserer kürzlichen Entwicklung zum aufrechten Gang. Als wir noch Vierbeiner waren, war die Wirbelsäule ein biegsamer waagerechter Stab. Ihre Evolution hatte sie nicht auf einen Druck vorbereitet, der über ihre gesamte Länge auf sie ausgeübt wurde, doch als wir uns auf die Hinterbeine stellten, geschah genau das. Seitdem presst das Gewicht der oberen Körperteile das Rückgrat der Länge nach zusammen. Nach unten hin wird die auf ihm ruhende Last immer größer, was Probleme für den Lendenbereich im unteren Rücken nach sich zieht (siehe das folgende Kapitel). Die Entwicklung zur aufrechten Haltung ging außerdem mit einer veränderten Beckenform einher: Der obere Bereich (bei anderen Säugetieren der vordere) neigte sich nach hinten, während sich gleichzeitig im darüberliegenden Lendenbereich der Wirbelsäule eine permanente Krümmung bildete.

Das Becken ist ein Ring aus Knochen, der an der Rückseite (am Kreuzbein) mit der Wirbelsäule verbunden ist und an dessen Seiten die oberen Enden der Beine befestigt sind. Die Seiten des Beckens bestehen aus den Hüftknochen und das Schambein (das sich etwa eine Handbreit unter dem Nabel erfühlen lässt) bildet die Vorderseite. Bei der Geburt

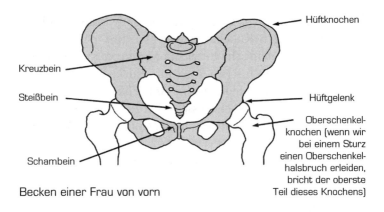

Hüftknochen

Kreuzbein

Steißbein

Hüftgelenk

Oberschenkel-
knochen (wenn wir
bei einem Sturz
einen Oberschenkel-
halsbruch erleiden,
bricht der oberste
Teil dieses Knochens)

Schambein

Becken einer Frau von vorn

muss das Baby diesen Ring durchqueren, weshalb das Becken von Frauen im Allgemeinen breiter ist als das von Männern. Demzufolge sind die Hüftknochen der Frauen weiter voneinander entfernt als bei Männern und somit ist auch ihr Abstand zur Wirbelsäule größer. Außerdem sind die Beine einer Frau weiter außen am Becken befestigt, und wenn sie beim Gehen ein Bein anhebt, muss sie sich weiter zur Seite lehnen als ein Mann, um ihr Körpergewicht direkt über dem anderen Bein zu platzieren. Aus diesen Gründen haben Frauen und Männer einen unterschiedlichen Gang.

Als sich der Körper in die Senkrechte stellte, veränderten nicht nur die Knochen ihre Position; alle an den Knochen befestigten Muskeln mussten sich ebenfalls mitdrehen. Im Grunde ist die komplexe Muskulatur des menschlichen Körpers das Ergebnis zahlreicher Drehungen und Neupositionierungen des Skeletts im Laufe unserer Evolution. Dazu zählten die Loslösung der Schulterknochen von der Hinterseite des Schädels, die Entwicklung eines beweglichen Halses, das Eindrehen der Beine an die Körperseiten und ihre Kräftigung, die Platzierung der Füße unter den Körper, was die Muskulatur der Beingelenke veränderte, die Rückbildung der Rippen im unteren Wirbelsäulenbereich, die Entwicklung extrem mobiler Gliedmaßen und Hälse bei den Primaten, die Vorwärtsneigung des Kopfes und zuletzt die Drehung des gesamten Körpers in die Senkrechte. Diese jüngste Rotation hat viele Muskeln im unteren Rücken neu positioniert, und wie wir im nächsten Kapitel sehen werden, kann das auch Probleme bereiten.

## Der Arm

In unseren Armen befinden sich verschiedene Arten von Gelenken, die unterschiedliche Bewegungsspielräume erlauben. Die Schulter ist ein Kugelgelenk, das ihr weite Rotationsbewegungen ermöglicht. Sie kann sich wie ein Propeller in buchstäblich jede Richtung drehen. Dagegen ist der Ellbogen ein simples Scharniergelenk, das eine Beugung und Streckung in nur einer Ebene und in eine Richtung zulässt. Kurioserweise können manche Menschen ihren Ellbogen auch „überstrecken", sodass es scheint, als beuge er sich etwas in die „verkehrte" Richtung, was auf Leute, die das nicht können, beunruhigend wirkt – umso mehr, als dieses Phänomen zuweilen tatsächlich pathologisch ist.

Das Handgelenk ist wieder ein anderer Gelenktyp. Zu ihm gehören acht kleine zusammengesetzte Knochen. Es ist sehr beweglich und kann sich um den Unterarm drehen. Die Finger bestehen jeweils aus vier langgestreckten Knochen. Die drei äußeren Knochen sind nur über zwei einfache Scharniergelenke miteinander verbunden, aber der innerste kann sich am Fingergrundgelenk drehen, weshalb der Finger einen Kreis in der Luft beschreiben kann. Das Grundgelenk ist zugleich das äußere Ende des vierten Knochens, der über die gesamte Mittelhand verläuft und den Finger mit dem Handgelenk verbindet.

Im Daumen fehlt dieser vierte Knochen. Der Daumen hat nur drei langgestreckte Knochen, die sich aber wie die drei äußeren Knochen eines Fingers verhalten. Sie sind über zwei einfache Scharniergelenke miteinander verbunden, doch in diesem Fall bildet die Basis des zweiten Knochens auch die Basis des Daumens. Der dritte Daumenknochen verläuft in der Mittelhand und verbindet den Daumen mit dem Handgelenk; wie bei den Fingern kann sich dieser dritte Knochen an seiner Basis drehen. Darum kann der Daumen quer über die Handfläche langen und sich den Fingern gegenüberstellen.

Die große Bandbreite möglicher Armbewegungen erfordert eine Vielzahl von Muskeln. Wie wir in Kapitel 6 gesehen haben, treten Muskeln oft in Paaren auf – der erste bewegt den Knochen in die eine Richtung und der zweite bewegt ihn wieder zurück. Diese Paare nennt man Antagonisten oder Gegenspieler, weil sie gegeneinander arbeiten.

Ein Beispiel für ein solches Muskelpaar im Arm sind Bizeps und Trizeps. Der Bizeps verläuft an der vorderen Oberarmseite, der Trizeps an der hinteren. Der Knochen zwischen ihnen ist der Oberarmknochen. *Bizeps* bedeutet „zweiköpfig" und *Trizeps* „dreiköpfig", was sich auf die jeweilige Zahl der „Köpfe", d.h. Ursprünge dieser Muskeln bezieht. Die Kontraktion des Bizeps hebt die Hand, die Kontraktion des Trizeps senkt sie. Wenn Sie Ihren Oberarm hängen lassen und die Hand vor sich hochhalten, können Sie mit der anderen Hand fühlen, dass der Bizeps an der Vorderseite des Arms stärker angespannt ist als der Trizeps an der Rückseite. Der Bizeps kontrahiert gegen die Schwerkraft, die Ihre Hand nach unten zieht. Wenn Sie dagegen die Hand vor sich auf den Tisch oder auf Ihr Bein legen und sie nach unten drücken, können Sie mit der anderen Hand fühlen, dass der Bizeps jetzt weich und entspannt ist, während der Trizeps sich anspannt.

Weitere bekannte Muskeln, die auf den Arm einwirken, sind die Brustmuskeln, die im oberen Brustbereich sitzen und den ausgestreckten Arm waagerecht vor den Körper führen (wie bei einer Vorhand im Tennis), sowie die Deltamuskeln an der Schulter, die den Arm heben und den gestreckten Arm rückwärts bewegen (wie bei einer Rückhand im Tennis). Die Deltamuskeln sind dreieckig und verdanken ihren Namen dem griechischen Buchstaben Delta, „Δ" (obwohl dieser eigentlich auf dem Kopf stehen müsste, um den Muskel abzubilden: „∇").

## Die Hand

Über unsere Hände haben wir schon gesprochen, aber eines sollte man noch erwähnen: Sie sind so gut darauf geeicht, nach Ästen zu greifen, dass wir uns selbst jetzt noch, ungefähr 4 Millionen Jahre, nachdem wir den Wald verlassen haben, mit Ersatzästen umgeben, die wir ihrerseits unseren Händen perfekt anpassen. Türklinken, Fahrradlenker, Autolenkräder, Griffstangen an Einkaufswagen, Treppengeländer, Leitersprossen, Besenstiele, Paddel und eine Vielzahl weiterer Beispiele sind allesamt verkappte Äste. Alles, was festgehalten werden muss, bearbeiten wir so, dass es in unsere Hand passt, und unsere Hand wurde so gemacht, dass sie um Äste passt. Sogar Koffer tragen wir, indem wir unsere Finger zu einem simplen Haken formen. Als unsere Urahnen diesen Griff anwendeten, saß der Ast fest und ihr Körper hing daran. Bei Koffern sitzt die Schulter fest und der Koffer hängt daran, aber die Handhaltung ist die gleiche und wir gestalten den Koffergriff so, dass er sich wie ein kleiner zylindrischer Ast in unsere Hand schmiegt.

Bevor wir die Hand hinter uns lassen, möchte ich noch auf eine seltsame Beobachtung eingehen. Manche Wissenschaftler behaupten, wenn man die Finger vom Grundgelenk bis zur Spitze misst, sei bei Männern der Ringfinger länger als der Zeigefinger, während es bei Frauen umgekehrt sei. Angeblich korreliert die Länge des Ringfingers mit der Menge des Hormons Testosteron, die sich zur Zeit der Schwangerschaft im Mutterleib befindet, und die Länge des Zeigefingers mit der Menge von Östrogen. Ist das Baby ein Junge, gibt es mehr Testosteron, ist es ein Mädchen, mehr Östrogen.

Das klingt sehr weit hergeholt, obwohl es bei mir zutrifft. Fragen Sie mal Ihre Bekannten, welcher ihrer Finger länger ist – dann sehen Sie, ob es stimmt. (Dabei muss man die Länge der Fingerknochen messen – schauen Sie nicht einfach nur danach, welcher Finger weiter aus der Mittelhand wächst. Zunächst sollten Sie auf dem Handrücken auf Höhe der Fingerknöchel nach den kleinen Mulden an den Seiten der Grundgelenke tasten. Dies ist die Lücke zwischen den Knochen.)

## Das Bein

Das Stehen auf zwei Füßen hat die Beschaffenheit unserer Beine geprägt. Fangen wir oben an. Der große Gesäßmuskel, *Gluteus maximus*, wird vor allem für die Streckung im Hüftgelenk benötigt, wenn wir aus dem Sitzen aufstehen oder Treppen steigen. Gewichtheber, die aus einer hockenden Stellung nicht nur ihr eigenes Körpergewicht, sondern zusätzlich gewissermaßen das Gewicht mehrerer anderer Personen hochstemmen müssen, haben meistens gewaltige Gesäßmuskeln. Dieser Muskel wird auch gebraucht, wenn wir unser Bein zur Seite heben, und er hilft, beim Laufen den Oberschenkel nach hinten zu ziehen. Beim normalen Gehen wird er jedoch nicht sehr beansprucht, weil sich dabei der Winkel zwischen Körper und Bein kaum verändert.

Der Oberschenkel wird durch verschiedene Muskeln angehoben, die den Oberschenkelknochen (*Femur*) mit dem Becken und der Wirbelsäule verbinden, während die meisten Muskeln im Oberschenkel dazu genutzt werden, das Knie zu beugen oder zu strecken. Diese Muskeln stellen die Verbindung zwischen dem Oberschenkelknochen und den Knochen unterhalb des Knies über ein Band her, das an der Kniescheibe befestigt ist. An der Vorderseite und den Seiten des Oberschenkels befindet sich der *Quadriceps femoris*. Er besteht aus vier Muskeln, die den Unterschenkel beim Gehen nach vorne drücken und das Knie strecken; außerdem sind sie beim Strecken des Beins beteiligt, wenn wir von einem Stuhl aufstehen, eine Treppe hochgehen oder schwere Lasten aus der Hocke hochheben. Gewichtheber haben auch mächtige Oberschenkel.

Die Gegenspieler der *Quadriceps*-Muskeln sind drei Muskeln an der Rückseite der Oberschenkel. Diese kontrahieren, um das Knie zu beugen, und sind entspannt, wenn das Knie gestreckt ist. Sportler und Tänzer zerren sich diese Muskeln gelegentlich, wenn sie das Bein hochschwingen, ohne richtig aufgewärmt zu sein. Zwei der Sehnen, mit denen die Muskeln am Knieende befestigt sind, lassen sich sehr leicht ertasten, insbesondere wenn man im Sitzen den Oberschenkel anspannt. Sie befinden sich links und rechts direkt hinter dem Knie.

Die Wadenmuskeln im Unterschenkel werden benötigt, um die Zehen zu strecken – vor allem beim Gehen, wenn sich der Fuß vom Boden abdrückt. Sie sind über die dicke Achillessehne am Fersenbein befestigt. Wenn sie kontrahieren und sich dabei verkürzen, wird die Ferse angehoben und das Gewicht des Oberkörpers verlagert sich vorwärts vor die Zehen. Um das Gleichgewicht nicht zu verlieren, machen wir einen Schritt nach vorne – wie wir es auch tun, wenn uns jemand unerwartet von hinten einen Stoß versetzt. Das Gehen auf zwei Beinen ist nichts anderes als der fortwährende erfolgreiche Versuch, nicht auf die Nase zu fallen. Stehen wir auf den Fußsohlen, so sind die Wadenmuskeln eher entspannt, aber wenn wir uns auf die Zehen stellen, verkürzen sie sich und werden fest. Ihre Kontraktion hebt unseren Körper in die Höhe.

Die Gegenspieler der Wadenmuskeln sind eine Reihe viel kleinerer Muskeln, die neben den Schienbeinen verlaufen. Diese ziehen den Fuß nach oben, müssen aber längst nicht so kräftig wie die Wadenmuskeln sein, weil sie nur einen Teil des Fußes anzuheben brauchen. Die Wadenmuskeln dagegen müssen unser gesamtes Gewicht stemmen.

## Der Fuß

Bis vor kurzem besaßen unsere Füße noch einen opponierbaren „Daumen", wie die Füße von Schimpansen und Gorillas, aber als unsere jüngeren Urahnen die Bäume verließen, um auf zwei Beinen zu gehen, reihte sich diese opponierbare Zehe wieder neben den anderen ein.

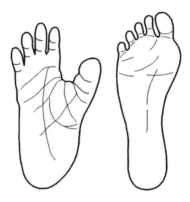

Fuß eines Schimpansen und eines Menschen

Eine große Zehe, die seitwärts aus der Innenseite des Fußes hervorgeragt wäre, hätte einen Gang, bei dem die Füße nebeneinander herschwingen, erheblich erschwert. Doch noch heute trägt unsere große Zehe Spuren ihrer einstigen Sonderstellung gegenüber dem Rest des Fußes. Wir können immer noch die große Zehe anheben, während wir die anderen Zehen nach unten biegen. Keine andere Zehe lässt sich so unabhängig bewegen – die übrigen vier handeln immer im Gleichschritt. Es ist sogar möglich, etwas vom Boden aufzuheben, indem wir es zwischen die große und die zweite Zehe klemmen, obwohl uns das jetzt schon schwerer fällt, als es wohl für unsere Vorfahren war. Um uns daran zu erinnern, dass die anderen Zehen einst eigenständige „Greiffinger" waren, können wir überdies etwas aufheben, indem wir es mit den gekrümmten äußeren vier Zehen ergreifen; es ist jedoch viel schwieriger, das nur mit der großen Zehe zu tun.

Das ist nicht überraschend. Versuchen Sie einmal folgenden Trick. Legen Sie einen Bleistift auf den Tisch und halten

Sie die Hand mit der Handfläche nach unten darüber. Dann heben Sie den Bleistift hoch, ohne den Daumen zu benutzen, indem Sie ihn mit den vier anderen Fingern umfassen. Nach ein paar Versuchen werden Sie das recht einfach finden. Sie bilden mit den Fingern einen Haken – genauso wie Ihre Urahnen es taten, wenn sie an Ästen hingen. Nun versuchen Sie das Gleiche, indem Sie die Finger gestreckt lassen und nur den Daumen krümmen. Das ist viel schwieriger (und ich kann es immer noch nicht). Da Ihre Füße früher einmal genauso funktioniert haben wie Ihre Hände, sollten Sie sich nicht wundern, dass man der großen Zehe nach wie vor ihre Vergangenheit in der Opposition anmerkt, sie jedoch, wie der Daumen, trotzdem nicht dazu taugt, etwas alleine hochzuheben. Das liegt vor allem daran, dass die große Zehe, genau wie der Daumen, ein Gelenk weniger als die anderen Zehen besitzt.

Unsere Zehen sind aber nicht einfach historische Artefakte. Sie haben sich an das Gehen neu angepasst. Das letzte Gelenk der vier äußeren Zehen eines Menschen lässt sich nämlich sowohl nach unten als auch nach oben krümmen; wenn wir nicht gehen, müssen wir allerdings mit den Fingern nachhelfen, um die Endglieder der Zehen hochzuziehen. Sie lassen sich nicht durch Zehenmuskeln nach oben bewegen. Diese neue Beweglichkeit kam vermutlich zustande, weil die Zehenspitzen bei jedem Schritt aufwärtsgebogen werden. Unsere Finger haben keine solchen Endgelenke.

## Das Gesicht

Gesichter sind hoch komplizierte dreidimensionale Objekte, die sich auf mannigfache Weise geringfügig unterscheiden können (durch die Breite der Nase, das Vorstehen der Wangenknochen oder die Form der Lippen). Die Zahl der möglichen Kombinationen nur leicht verschiedener Merkmale ist riesig. Daher können wir ein Gesicht unter Millionen anderen erkennen, wogegen es sehr schwer wäre, Individuen zu identifizieren, indem man beispielsweise nur ihre Unterarme betrachtet.

Weil es insbesondere für eine visuell orientierte, soziale Spezies wie uns wichtig ist, Individuen erkennen zu können, wurde das Gehirn so programmiert, dass es auch da nach Gesichtern sucht, wo gar keine sind. Ich weiß noch, dass ich als Kind Angst vor all den Gesichtern in meinem Zimmer hatte, die mich von den Gardinenmustern und der Blümchentapete aus anstarrten. Auf der ganzen Welt existieren zahlreiche Geschichten über einen „Mann im Mond" oder eine „Frau im Mond", weil Menschen glauben, in der Geographie der Mondoberfläche ein Gesicht zu erkennen; ebenso wurden eine Reihe von Büchern über Christuserscheinungen in Wolkenformationen oder treibenden Eisschollen geschrieben. Außerdem gibt es auf dem Mars einen Berg, der manche an das Gesicht eines Affen erinnert. Wir sehen einfach überall Gesichter.

Dieser Zwang ist so stark, dass wir ein Gesicht auch dann sehen können, wenn seine Merkmale auf das Allernotwendigste beschränkt sind. Das machen sich vor allem Cartoons zunutze. Bei einer Analyse von Gesichtern in Comics oder Zeichentrickfilmen würde sich zeigen, dass zwischen einem echten menschlichen Gesicht und der Abbildung enorme Unterschiede bestehen, doch wir akzeptieren ohne Einwände, ja vermutlich, ohne uns darüber irgendwelche Gedanken zu machen, dass damit eine Person dargestellt werden soll. Die E-Mail-Kultur hat uns sogar Gesichter beschert, die lediglich aus Interpunktionszeichen bestehen und nicht einmal richtig herum stehen müssen. :-)

Die Evolution hat uns nicht nur auf das Sehen von Gesichtern konditioniert, sondern darüber hinaus dafür gesorgt, dass wir auf bestimmte Gesichtstypen mit starken Gefühlen reagieren. Das Gesicht eines Babys unterscheidet sich sehr von dem eines Erwachsenen. Bei einem Baby sind die Augen im Verhältnis zum Kopf viel größer, die Stirn ist abgerundet und glatt, Nase und Kiefer sind klein. Das Bild eines Babys ruft häufig, besonders bei Eltern, warme, fürsorgliche Gefühle hervor, woraus wiederum die Cartoonisten (und Werbefachleute) Kapital geschlagen haben. Sympathische Comicfiguren haben runde Gesichter mit riesigen Augen, die in der Natur so niemals vorkämen, während unsympathische Charaktere das genaue Gegenteil sind – sie haben lange spitze Nasen, eine niedrige Stirn und kleine Knopfaugen. So wird unser genetisches Programm hemmungslos manipuliert – Vorsicht!

## Die Sinne

Die Sinne, mit denen uns die Evolution ausgestattet hat, erlauben uns lediglich, diejenigen Umweltaspekte zu erfassen, die für unsere Vorfahren von Bedeutung waren. Andere Tiere, die neben uns stehen, nehmen die Welt vielleicht völlig anders wahr. Falken können in viel größeren Entfernungen als wir Bewegungen erkennen, Hunde und Fledermäuse können höhere Frequenzen hören, Elefanten und Wale kommunizieren über tiefere Frequenzen, viele Tiere erschnüffeln sich ihren Weg durch eine Welt voller Gerüche, Bienen und Kolibris nehmen Ultraviolett als Farbe wahr, und Grubenottern sehen Infrarot und können die Körperwärme einer Maus über 30 cm in (zumindest für uns) totaler Finsternis orten. Einige Tiere nehmen sogar die Polarisation des Lichts wahr und erkennen den Sonnenstand auch bei dichter Bewölkung.

Wissenschaftler können die Frequenzen von Tönen und die Wellenlängen von Farben messen und wissen daher genau, was unsere Sinnesorgane empfangen; dies ist aber nicht bei allen Arten der Sinneswahrnehmung möglich. Das Schmerz- oder Geschmacksempfinden lässt sich nicht auf die gleiche Weise messen, denn diese sind völlig subjektiv. Für manche Menschen lässt sich aus Stangensellerie ein erfrischender, knackiger Salat zubereiten, aber für andere schmeckt er ekelerregend bitter und reiht sich ein in eine lange Liste fragwürdiger Kreationen, die eigentlich nie dazu gedacht waren, in den Mund eines Menschen zu wandern (wie Blauschimmelkäse, Sushi oder Sambal Oelek). Das Geruchsempfinden ist ähnlich subjektiv, wobei die Unterscheidung zwischen Geschmacks- und Geruchssinn eine eher künstliche ist. Beide dienen der Identifizierung von Molekülen, die eine erkennbare Reaktion hervorrufen. Von der Luft übertragene Moleküle werden in der Nase entdeckt, während der Mund Moleküle von flüssiger oder fester Konsistenz wahrnimmt. Normalerweise kooperieren die beiden, da der Geruch von dem, was wir in unseren Mund stecken, in die Nasenhöhlen aufsteigt (wie beim Blauschimmelkäse). Tatsächlich gibt es eine Schätzung, nach der 80% von dem, was wir zu schmecken glauben, eigentlich gerochen wird. Sich die Nase zuzuhalten, wenn man eine übel schmeckende Medizin schlucken muss, scheint also wirklich zu funktionieren.

Es ist zwar einzusehen, dass Schmerz- und Geschmacksempfinden subjektiv sind, aber sind unsere anderen Sinne so objektiv, wie wir glauben? Wir sehen mit unseren Augen und hören mit unseren Ohren, doch es ist unser Gehirn, das diese Signale entgegennimmt und sie in Wahrnehmungen umwandelt, und es gibt nur sehr wenige Möglichkeiten zu messen, was die Gehirne verschiedener Leute wahrnehmen. Wissenschaftler können die Wellenlänge des Lichts messen, das von einem Objekt reflektiert wird, und sagen, dass das Objekt „grün" ist. Sie können aber nicht garantieren, dass jeder, der das Objekt anschaut, seine Farbe als das gleiche Grün wahrnimmt. Wenn eine Person behauptet, eine Bluse sei türkis, und eine andere, sie sei grün, dann kann es durchaus sein, dass ihre Gehirne tatsächlich unterschiedliche Farben wahrnehmen, obwohl ihre Augen das Gleiche sehen. Für die eine Person sehen bestimmte Grüntöne möglicherweise ganz anders aus als türkis, während die andere sie als ähnlich empfindet und diese Grüntöne und Türkis als identisch ansieht. Mit wissenschaftlichen Geräten lässt sich feststellen, was das Auge sieht, aber nicht, was das Gehirn sieht – doch auf dieses Problem einzugehen, würde den Rahmen dieses Buches sprengen.

## Das Auge

Weil unsere Augen während unserer Zeit als Baumbewohner zur Vorderseite des Gesichts gewandert sind, können wir nun in einem Winkel von 140° beidäugig nach vorn sehen (Binokularsehen) – was uns Tiefenwahrnehmung ermöglicht – und in einem Winkel von je 30° einäugig zur Seite (insgesamt ein Winkel von 200°). Selbst wenn wir gerade nach vorn blicken, sehen wir demnach verschwommene Objekte oder eher Bewegungen nicht nur direkt neben uns, sondern auch etwas weiter hinten. Ermöglicht wird das zum einen durch das Blickfeld des Augapfels, aber auch durch die Tatsache, dass die Seiten unserer knöchernen Augenhöhlen entfernt wurden und nicht mehr als Scheuklappen fungieren. Über dem Auge bildet der Schädelknochen den Augenbrauenwulst, der bei jedem Menschen anders ausfällt, im Allgemeinen bei Männern aber stärker vorsteht als bei Frauen. Unter dem Auge liegt der Wangenknochen. Augenbrauenwulst und Wangenknochen stehen etwa gleich weit vor und schützen das Auge, indem sie weiter hervorragen als die Vorderseite des Augapfels. Wenn wir unser Auge an ein Fenster drücken, berührt nicht das Auge die Fensterscheibe, sondern Wange und Stirn. Dagegen liegt die Seite der Augenhöhle weiter hinten und erlaubt dem Auge damit die Sicht nach links oder rechts. Hinzu kommt, dass unsere Augenlider keinen senkrechten, sondern einen waagerechten Schlitz bilden und somit nicht das Gesichtsfeld beeinträchtigen.

## Das Ohr

So wie uns unsere zwei Augen die Tiefenwahrnehmung ermöglichen, können wir mit Hilfe unserer beiden Ohren sagen, aus welcher Richtung ein Geräusch kommt. Ein Ton aus einer Geräuschquelle links von uns trifft geringfügig früher auf das linke Ohr als auf das rechte. Um diese Geräuschortung zu unterstützen, sind unsere Ohren so weit auseinander wie möglich an den Seiten des Kopfes angebracht und nicht etwa direkt nebeneinander auf der Stirn.

Innenohr (zum Hören), Mittelohr (für den Gleichgewichtssinn) und Außenohr (zur Lokalisation von Schallquellen) befinden sich alle innerhalb des Kopfes, doch die meisten Säugetiere besitzen noch eine außen liegende Struktur in Form einer Schale, die die Geräusche bündelt und in den

Gehörgang leitet. Diese Vorrichtung besteht aus biegsamem Knorpel, abgesehen vom Ohrläppchen, das, falls vorhanden, aus Fettgewebe besteht. Bei einigen Säugetieren lässt sie sich mit Hilfe von besonderen Muskeln in die Richtung des Geräusches drehen. Bei uns lässt sich diese Vorrichtung zum Bündeln von Geräuschen – die wir meist einfach als Ohr bezeichnen – nicht so bewegen, wenn auch manche Leute die Überbleibsel dieser Spezialmuskeln einsetzen können, um „mit den Ohren zu wackeln". Bei uns Menschen eignet sich dies einzig und allein als Partygag.

Bei Eulen, die nachts jagen und sich daher sehr auf ihr Gehör verlassen müssen, sitzt ein Ohr höher auf dem Kopf als das andere. Damit können Eulen noch besser die Geräuschquelle orten, weil sie sowohl berechnen können, ob sie ober- oder unterhalb ihrer Gesichtslinie liegt, als auch, ob sie sich links oder rechts von ihnen befindet. Menschen, die angestrengt lauschen, neigen häufig den Kopf zur Seite, was denselben Effekt hat, obwohl unklar ist, ob sie es unbewusst aus genau diesem Grund tun.

## Die Haare

Normalerweise dient das Haar von Säugetieren als isolierender Wärmespeicher, es bietet aber auch Schutz vor Sonnenstrahlen. Durch selektive Züchtungen haben europäische Schweine ihre langen Borsten verloren und leiden nun sehr unter Sonnenbränden, wenn sie sich nicht im Schlamm wälzen oder mit einer anderen Substanz bedecken können, die als Sonnenschutz dient. Selbst bei den Menschenaffen ist der Körper überwiegend mit Fell bedeckt, doch unsere Körper besitzen lediglich Haarbüschel auf dem Kopf, unter den Achseln und um die Genitalien. Vermutlich ist die Kopfbehaarung ein angewachsener Hut, der das Gehirn vor Sonnenhitze schützt. Wäre sie als Schutz vor Sonnenbrand gedacht, so müsste sie sich eigentlich auch oben auf den Ohren, der Nase und den Schultern befinden, wo wir am stärksten verbrannt werden. Überdies hätte die natürliche Selektion unsere Vorfahren nur dann mit einem Schutz vor Sonnenbrand versehen, wenn dieser ihre Überlebenschancen vermindert hätte, was keineswegs sicher ist.

In den Achselhöhlen und im Leistenbereich haben wir nicht nur Haare, sondern auch eine große Anzahl von Schweißdrüsen. Die Haare dort sind gekräuselt und lang und bilden keine dichte Matte wie die auf dem Kopf. Auf diese Weise bildet der Körper anscheinend eine maximal große Oberfläche, um den von den Drüsen produzierten natürlichen Geruch zu verbreiten.

Das Haar auf dem Kopf und bei einigen Rassengruppen an der Kieferpartie von Männern wächst das ganze Leben lang und wird immer länger, sofern wir es nicht abschneiden (in einigen Teilen Afrikas ist die Kopfbehaarung jedoch von Natur aus brüchig und erreicht nie eine große Länge). Haare, die immer weiterwachsen, sind bei Säugetieren äußerst ungewöhnlich und haben sich offensichtlich erst vor kurzem entwickelt. Nun aber, da die meisten von uns lange Haare auf dem Kopf haben, können wir sie als Signal gestalten, und in fast allen Kulturen opfern Menschen Unmengen von Zeit und Geld genau dafür. Viele Männer unterziehen sich darüber hinaus dem täglichen Ritual, die Haare im Gesicht mit einer scharfen Metallklinge abzukratzen. Dieses Entfernen von Gesichtshaaren bei Erwachsenen ist vermutlich ebenso ein Signal, obgleich die Botschaft unklar ist. Glücklicherweise bleiben die übrigen Haarbüschel an unserem Körper von Na tur aus kurz, wie auch die wenigen Haare an Armen, Beinen, Brust und gelegentlich auch Rücken mancher Männer.

Die Augenbrauen sind weitere wichtige Haarbüschel. Warum wir Augenbrauen haben, ist nicht ganz klar, aber vermutlich sind sie ein Produkt der natürlichen Selektion und müssten darum von einer gewissen Bedeutung für das Überleben oder den Fortpflanzungserfolg sein. In der Schule habe ich gelernt, die Augenbrauen hätten sich entwickelt, damit es uns nicht in die Augen regnet. Dieses Argument ist nicht gerade überzeugend (nicht zuletzt, weil ich mich schon unzählige Male über Regentropfen in meinen Augen geärgert habe). Wenn überhaupt, so sind sie noch besser dazu geeignet, Schweißtropfen von den Augen abzuhalten – aber ist das eine bessere Erklärung? Ist es vorstellbar, dass in einer sozialen Spezies nur die Individuen mit buschigen Augenbrauen überlebt und Nachkommen gehabt haben, weil ihnen kein Schweiß in die Augen lief?

Eine andere Vermutung lautet, Augenbrauen seien als Signal entstanden, um bei der sozialen Interaktion die Augen zu betonen. Bei Primaten „zucken" oft die Augenbrauen in die Höhe, und wir selbst nutzen diese Mimik zweifellos auch – beispielsweise wenn wir an einem Tag zum soundsovielten Mal derselben Person über den Weg laufen. Zunächst lächeln wir noch und sagen: „Hallo!", später nicken wir nur noch knapp und schließlich muss eine kurze Bewegung der Augenbrauen ausreichen. Dieses Heben der Brauen ist praktisch in allen Kulturen auf der Welt zu beobachten.

Falls dies tatsächlich Sinn und Zweck der Augenbrauen war, so hätte die natürliche Selektion ihren Job jedoch durchaus noch besser machen können. Vor 60 000 Jahren hatten alle Leute dunkle Haut und dunkles Haar (und vermutlich auch dunkle Augenbrauen). Hätten die Brauen die Bewegungen der Augenbrauenwülste unterstreichen sollen, so wäre es vorteilhafter gewesen, für sie eine Farbe auszuwählen, die mit der Hautfarbe kontrastiert hätte. Dies ist bei den heutigen Völkern Afrikas jedoch nicht geschehen und wahrscheinlich auch nicht bei unseren gemeinsamen afrikanischen Urahnen.

Es wurde auch behauptet, Augenbrauen seien wichtig, um das grelle Sonnenlicht zu dämpfen. Das ist möglich und würde voraussetzen, dass Augenbrauen sich erst entwickelten, nachdem unsere Vorfahren den Schatten des Waldes verlassen hatten. Unsere engsten Verwandten, die Schimpansen, haben vorstehende Brauenwülste, aber keine deutlich sichtbaren dichten Haarbögen wie wir.

Die Wahrheit ist, dass wir nicht wissen, warum wir Augenbrauen haben. Sie können den Schweiß auffangen, sie können das Heben der Brauenpartie akzentuieren, wenn sie dunkel auf einer hellen Haut sind, und sie können das Sonnenlicht dämpfen, aber das alles heißt nicht, dass sie aus einem dieser Gründe überdauert haben oder entstanden sind. Festzuhalten ist, dass sie heute, insbesondere in den Industriestaaten, überwiegend als kosmetischer Schmuck behandelt werden. In einigen Kulturen zupfen sich die Frauen regelmäßig Brauenhaare mit Pinzetten aus, bis nur eine schmale Linie übrig bleibt, um mit einem täglich aufgetragenen schwarzen Stift den ursprünglichen Zustand dann wieder herzustellen. Die Gründe für dieses Verhalten bleiben im Dunkeln.

## Glatze – typisch Mann

Trotz zahlreicher gegenteiliger Behauptungen, besonders aus dem Internet, sind die Ursachen des Haarausfalls bei Männern noch nicht geklärt. Man findet ihn hauptsächlich bei weißen europäischstämmigen Männern, und es scheint auch eine gewisse genetische Veranlagung dafür zu geben, doch junge Männer, deren Väter im besten Alter noch keine Ansätze zur Glatze erkennen lassen, sollten sich nicht unbedingt in Sicherheit wiegen. Mein Vater starb mit 81 Jahren in voller Haarpracht, aber meine Haare begannen bereits auszufallen, als ich 25 war. Allerdings hatte auch der Vater meiner Mutter eine Glatze.

Wo auch immer die Gründe für die Glatzköpfigkeit von Männern liegen – sie beginnt jedenfalls im Allgemeinen frühestens nach den ersten Jahren der Geschlechtsreife. Historisch gesehen, wäre sie somit kein ausschlaggebender Faktor für Frauen gewesen, die sich nach potenziellen Ehemännern umsahen. Doch hätte das überhaupt eine Rolle gespielt? Sind Männer mit Glatze für Frauen unattraktiv? Nun ... mal davon abgesehen, was Frauen Männern erzählen (im Unterschied zu dem, was sich Frauen untereinander erzählen), lautet die Antwort möglicherweise Ja. Auf den Wunschlisten von Frauen, die einen Partner fürs Leben suchen, steht „Glatze obligatorisch" vermutlich nicht weit oben. Abgesehen davon hat man beim Aufstellen solcher Listen üblicherweise ganz bestimmte Fantasiegestalten im Sinn, doch unsere weiblichen Vorfahren mussten sich unter den realen Männern, die sie kannten, ihre Partner suchen. Vielleicht träumen Frauen nicht von glatzköpfigen Männern, aber einige heiraten eben doch welche.

## Wärmeregulierung

Die Fähigkeit, unsere Körpertemperatur zu regulieren, gehört zu unseren vorstechendsten Säugetiermerkmalen. Wir besitzen eine normale Kerntemperatur von etwa 37 °C, sie kann je nach Individuum jedoch bis zu 0,8 °C über oder unter diesem Wert liegen. Außerdem ist unsere Normaltemperatur in höherem Alter niedriger als in jüngeren Jahren.

Steigt unsere Körpertemperatur auf 40 °C oder mehr, so drohen Krämpfe, Koma, Hirnschäden und Tod. Sinkt sie auf weniger als 35 °C, können Verwirrtheit und undeutliche Sprache die Folge sein. Bei unter 30 °C werden Blutdruck, Pulsfrequenz und Atmung schwächer und bei etwa 27 °C kommt es zum Tod durch Unterkühlung.

Durch die Evolution haben wir den größten Teil unserer Isolationsschicht aus Haaren eingebüßt, doch um uns in kaltem Klima warmzuhalten, verfügen wir nun über Kleidung, Feuer, isolierte Häuser und Zentralheizung. In heißem Klima sorgen wir für Kühlung durch leichte Kleidung, kalte Duschen, kalte Getränke, Ventilatoren und Klimaanlagen. Abgesehen davon verfügt unser Körper über verschiedene angeborene Mechanismen, um sich abzukühlen oder aufzuwärmen.

So geben wir durch Schwitzen und Hecheln Hitze ab oder indem sich die Blutgefäße direkt unter der Haut weiten, um Wärme abzustrahlen. Diese erweiterten Kapillaren verleihen der Haut einen rötlichen Schimmer und lassen uns „erhitzt" aussehen. Auf unserer bloßen Haut befinden sich mehr Schweißdrüsen als bei allen anderen Primaten, was vermuten lässt, dass der Verlust unserer Körperbehaarung auch zur Abkühlung gedient hat.

Wir erzeugen Wärme durch körperliche Anstrengung oder Zittern (beim Frösteln) und indem sich die Blutgefäße direkt unter der Haut zusammenziehen, um den Wärmerverlust zu verlangsamen. Die Verengung der Kapillaren lässt die Haut insbesondere über den Gesichtsknochen blasser werden, sodass man bei europäischstämmigen Weißen davon spricht, dass sie „blau vor Kälte" sind. Auf- und Abspringen, mit den Füßen stampfen oder mit den Armen rudern sind allesamt Versuche, Muskelkontraktionen hervorzurufen, die als Nebenprodukt Wärme erzeugen. Beim Zittern nimmt uns der Körper diese Arbeit ab. Zittern ist eine schnelle, unbewusste Vibration der Muskeln, um Wärme zu produzieren.

Unsere Urahnen konnten außerdem, um Wärme zu speichern, ihr Fell sträuben, wodurch sich eine dickere Isolationsschicht an Luft aufbaute. Wir besitzen zwar kein Fell mehr, verfügen aber noch über diese Reaktion. Auf unserer Haut befinden sich nur noch vereinzelte oder winzige Haare, aber daran sitzen nach wie vor die kleinen Muskeln, um sie aufzustellen. Kontrahieren diese Muskeln bei kaltem Wetter, so erzeugen sie die bekannte „Gänsehaut" (die leider überhaupt nicht hilfreich ist).

## Verschiedene Silhouetten

Wenn Männer und Frauen in der Pubertät geschlechtsreif werden, verändert sich ihr Körper, und zwar auf unterschiedliche Weise. Jungen entwickeln viel mehr Muskelmasse und werden deutlich kräftiger, während Mädchen vergleichsweise mehr Fett zulegen. Das dient als Energiereserve für die Zeit, in der sie schwanger werden und ein Kind ernähren müssen, auch wenn die Umweltbedingungen hart sind und sie nicht für ihre eigene Ernährung sorgen können. Das zusätzliche Fett bei Frauen und die zusätzliche Muskelmasse bei Männern sind für viele Unterschiede im Körperbau von Männern und Frauen verantwortlich.

Abgesehen von diesen geschlechtsspezifischen Merkmalen können sich Menschen verschiedener Rassen aufgrund unterschiedlicher klimatischer Bedingungen in ihrem allgemeinen Erscheinungsbild unterscheiden. Völker, die sich in jüngerer Zeit in einem sehr kalten Klima entwickelt haben, sind normalerweise stämmig. Bei allen Menschen strahlt Wärme von der Körperoberfläche ab und bei untersetzten Personen ist die Oberfläche im Verhältnis zur Körpermasse kleiner. Das ist simple Geometrie. Bei einem gegebenen Volumen ist die Form mit der geringsten Oberfläche die Kugel. Manche Menschen sind berühmt geworden, weil sie das Vaterunser oder einen anderen Text auf ein Reiskorn geschrieben haben, was unsere Bewunderung verdient. Ein Reiskorn ist einer Kugel recht ähnlich und hat daher für seine Größe eine sehr kleine Oberfläche. Hätte man das Reiskorn gekocht und es flachgedrückt, so hätten es die Schreiber viel leichter gehabt, weil das die Oberfläche beträchtlich vergrößert hätte.

Würden Sie dagegen ein beschriebenes Blatt Papier fest zusammenknüllen, so wären auf der Oberfläche nur noch ganz wenige Wörter zu erkennen, obwohl das Volumen gleichgeblieben wäre. In einem warmen Körper, wie dem eines Tieres, geht Wärme vor allem über die exponierten Oberflächen verloren. Je kugeliger man sich machen kann, desto mehr Wärme kann man halten, weil die Oberfläche im Verhältnis zum Volumen dann relativ klein ist. Darum rollen sich Katzen und andere Säugetiere zu einem Ball, wenn sie sich bei kaltem Wetter ausruhen, und auch Tiere, die einen Winterschlaf halten, rollen sich, so eng es geht, zusammen.

Im Gegensatz dazu sind Angehörige von Völkern, die sich in Äquatornähe entwickelt haben, eher schlank und manchmal auch sehr groß, wie beispielsweise die Dinka im Süden Sudans. Diese Körperform vermindert die Belastung durch Hitze, insbesondere bei körperlicher Anstrengung, weil sie im Verhältnis zum Volumen eine große Oberfläche bietet und man damit eine größere Menge an Wärme abstrahlen kann.

## Überflüssige Organe

Im Laufe des Lebens werden bei einigen von uns ein oder mehrere Organe operativ entfernt – normalerweise (oder hoffentlich nur) wegen einer Krankheit. In manchen Fällen bedeutet dies auch einen drastischen Eingriff in unsere Lebensweise. Entfernt man unsere Nieren, so müssen wir sie durch eine Maschine ersetzen und regelmäßig eine Dialyse zur Blutwäsche durchführen lassen, oder wir sterben. Wird unsere Gallenblase entfernt, so müssen wir unsere Ernährung umstellen und Fette meiden, weil die Gallenblase Galle in den Darm leitet, die beim Abbau fettreicher Nahrung hilft. Es gibt jedoch auch einige Organe, die praktisch ohne spürbare Auswirkung auf unsere langfristige Gesundheit oder unser tägliches Leben entfernt werden können. Die bekanntesten Beispiele sind unsere Mandeln und der Blinddarm.

### Die Mandeln

Unsere Mandeln sitzen, je eine auf jeder Seite, im hinteren Teil des Rachens und gehören zur körpereigenen Abwehr. Sie enthalten Zellen, die zu unserem Lymphsystem gehören – einem Netz aus winzigen Kanälen, das sich praktisch überall, wo sich Blutgefäße befinden, durch den gesamten Körper zieht. Diese Kanäle passieren „Lymphdrüsen", oder genauer „Lymphknoten", am Hals, in den Leisten und in den Achselhöhlen, wo die in ihnen transportierte Flüssigkeit gefiltert wird. Das Lymphsystem existiert, weil Blut unter Druck – dem „Blutdruck" – durch den Körper gepumpt wird. Weil die Blutgefäße diesem Druck ausgesetzt sind, sickert ein Teil der Blutflüssigkeit (nicht die Zellen, sondern nur ein Teil des Blutplasmas) auf natürlichem Wege aus den Blutgefäßen in das umliegende Gewebe. Würde sich diese „Lymphe" dort ansammeln, käme es möglicherweise zu Komplikationen.

Die Aufgabe des Lymphsystems besteht nun darin, diese Flüssigkeit in der Nähe des Herzens wieder dem Blutkreislauf zuzuführen; zugleich überprüft es die Flüssigkeit auf Krankheitserreger. Wird es fündig, mobilisiert es spezielle körpereigene Abwehrzellen, um die Eindringlinge anzugreifen und zu zerstören. Darum schwellen bei einer Infektion gelegentlich die Lymphknoten an. Wenn man Fieber hat, tastet der Arzt die Seiten des Halses ab, um unter anderem eine solche Schwellung festzustellen. Sie würde anzeigen, dass das Abwehrsystem des Körpers aktiv gegen ein Problem kämpft.

Die Mandeln bestehen aus Gewebe, das zum Lymphsystem gehört; sie überwachen die Beschaffenheit der von uns geschluckten Nahrung und prüfen sie auf schädliche Verunreinigungen. Im Zuge dieser Aufgabe können die Mandeln anschwellen und es kommt möglicherweise zu einer Mandelentzündung. Häufig entzündete Mandeln wurden früher meistens entfernt, aber heute erfolgt dieser Eingriff seltener. Selbst nach einer Entfernung der Mandeln übernehmen andere Teile des Verdauungskanals die Kontrolle unserer Nahrung und aktivieren gegebenenfalls das Immunsystem.

### Der Blinddarm

Unser Blinddarm – genauer: der Wurmfortsatz des Blinddarms – lässt sich ohne weitere Auswirkungen entfernen, weil er zu denjenigen Organen unseres Körpers gehört, die als entwicklungsgeschichtliche Überbleibsel früherer Strukturen einst von unseren entfernten Vorfahren genutzt wurden, aber bei uns im Wesentlichen überflüssig geworden sind, wie beispielsweise unser Schwanz.

Der Blinddarm (*Caecum*) ist eine kleine, „blind endende" Abzweigung des Darms. Bei einigen anderen Säugetieren, zum Beispiel Kaninchen, bildet er eine größere Darmausstülpung, wo zähere Pflanzenfasern zur Verdauung durch Bakterien aufgespalten werden. Unsere entfernteren Vorfahren machten sich diesen Prozess offenbar noch zunutze, doch bei der menschlichen Verdauung spielt der Blinddarm keine Rolle mehr und ist auf nur 9 cm, etwa die Länge eines Fingers, geschrumpft. Im Vergleich dazu misst unser Verdauungstrakt in seiner gesamten Länge 9 m.

Obwohl er nicht mehr aktiv an der Verdauungsarbeit beteiligt ist, hat unser Blinddarm durchaus noch eine Funktion. Er kontrolliert ebenfalls, was wir schlucken, und hilft mit, schädliche Eindringlinge zu entdecken. Wie bei den Mandeln kommt es durchaus vor, dass sich der kleine Wurmfortsatz des Blinddarms entzündet und anschwillt (*Appendizitis*); er wird dann häufig operativ entfernt. Auch dies hat keine ernsthaften Auswirkungen auf unseren Körper, weil noch andere Teile des Darms an der Nahrungsüberwachung beteiligt sind.

Der Blinddarm hat sich im Laufe unserer Evolution zu einem verzichtbaren Körperteil entwickelt; es gibt jedoch zwei Teile des Körpers, die bei einer Reihe von Menschen erst während der Entwicklung im Mutterleib überflüssig werden. Das sind die Brustwarzen der Männer.

# Warum haben Männer Brustwarzen?

Um es genau zu sagen, sind auf der Brust eines Mannes nicht die Brustwarzen auffällig, sondern die sie umgebenden pigmentierten Warzenhöfe, die sogenannten Areolen (lateinisch für „kleine Bereiche"). Dass Männer solche offenkundig nutzlosen Körperteile besitzen, hängt damit zusammen, wie unser Körper in der Embryonalphase seine geschlechtliche Identität erlangt.

Es überrascht Sie vielleicht, dass alle Embryos im Mutterleib zunächst weiblich sind, unabhängig davon, ob sie genetisch weiblich (mit zwei X-Chromosomen) oder männlich (XY) sind. Wir alle haben unser Leben als Frau begonnen. In dieser frühen Entwicklungsphase bilden sich im Brustbereich aller Embryos die Zellen für die Entstehung von Brüsten und Brustwarzen. Ist der Fetus jedoch vom Typ XY, so wird etwa sechs Wochen nach der Befruchtung eines der Gene auf dem Y-Chromosom aktiviert und löst die Bildung von Hoden aus. Diese produzieren dann Testosteron, ein von den Hoden (*Testes*) produziertes Steroidhormon – daher der Name. Dieses Hormon veranlasst die Entwicklung des Fetus zum Mann. Ohne Testosteron würde er sich weiterhin zu einem weiblichen Menschen entwickeln. (Testosteron ist ein Androgen, von griechisch *andro*, „männlich", und *gen*, „erzeugend".) Doch auch das Testosteron kann nicht mehr verhindern, dass die bereits vorhandenen Zellen später die Warzenhöfe des Mannes bilden. Aus diesem Grunde haben Männer Brustwarzen.

In einigen seltenen Fällen reagiert der Körper des XY-Fetus nicht auf die Produktion von Androgen. Zwar bilden sich Hoden im Körper und das Hormon wird produziert, aber der Körper ignoriert es einfach. Dies bezeichnet man als Androgeninsensitivitäts-Syndrom (AIS). Da alle Feten zunächst weiblich sind, entwickelt sich ein solcher Fetus weiterhin zum Mädchen, obwohl er genetisch XY ist. AIS kann vollständig oder partiell sein; in ersterem Fall ist die Frau schließlich ebenso wenig maskulin wie eine XX-Frau. Tatsächlich produzieren sogar XX-Frauen in ihrem Körper einige Androgene, die geringfügige Auswirkungen haben können, während der Körper einer XY-Frau überhaupt nicht auf Androgene reagiert.

Allerdings müssen XY-Frauen damit leben, keine Kinder bekommen zu können. In einem XX-Fetus bewirken die Geschlechtschromosomen die Entwicklung von Eierstöcken. Diese produzieren die weiblichen Östrogene (von griechisch *oistros*, „Wahnsinn" – was wohl auf die gesteigerte Aktivität vieler Tiere während der Fortpflanzungszeit anspielt – und *gen*, „erzeugend"). Östrogen löst die Entwicklung der Gebärmutter aus. In der Pubertät erlangt die Gebärmutter ihre endgültige Gestalt und erneuert jeden Monat ihre Schleimhaut; das alte Gewebe stößt sie während der Menstruation ab. Eine XY-Frau besitzt einfache innere Hoden, keine Eierstöcke. Folglich produziert sie keine Eizellen; Eileiter und Gebärmutter bilden sich nicht aus und sie wird niemals menstruieren. Heutzutage wird häufig bei einer ärztlichen Untersuchung, bei der man die Ursache für eine fehlende Menstruation finden will, festgestellt, dass eine Frau einen XY-Genotyp hat. Abgesehen von jener tragischen Konsequenz ist sie jedoch eine ganz normale Frau. Würden die Körper von Männern nicht auf das Testosteron im Mutterleib reagieren, wären wir *alle* Frauen. Weiblich zu sein, ist beim Menschen der Grundzustand, wie man an den Brustwarzen der Männer sehen kann.

# Verhalten

Angeborenes Verhalten bei Neugeborenen haben wir bereits erwähnt, wie Schreien, Saugen und Greifen, sowie unsere Angst vor der Dunkelheit, doch es gibt noch mehr angeborene Verhaltensmuster, die in der Spezies Mensch universell sind. Lächeln, Lachen und Stirnrunzeln findet man überall, wo Menschen sind, und sie scheinen stets für jeden dasselbe zu bedeuten. Andere Primaten verwenden diese Verhaltensmuster jedoch nicht. Schimpansen und Gorillas werten das Zeigen der Zähne als Aggression. Einen Gorilla anzugrinsen, ist keine gute Idee.

Fortpflanzung und Aufzucht der Jungen ist ebenfalls bei allen Spezies ein angeborenes Verhalten. Bei den meisten Tierarten gibt es im Jahr bestimmte hormongesteuerte Zeiten, in denen sie paarungsbereit sind und Junge zur Welt bringen. Wir gehören zu den wenigen Spezies, für die es keine festgelegte Zeit zur Fortpflanzung und Aufzucht gibt. Menschen können das ganze Jahr über Eltern werden.

## Schlafen! Vielleicht auch träumen!

Schlafen ist ein Verhalten, das sich in unserer Evolution sehr früh entwickelt hat. Es kommt im Tierreich nur ganz selten vor, dass eine Spezies 24 Stunden am Tag aktiv ist. Sogar viele Meeresfische scheinen zu schlafen; sie werden still, ruhen auf dem Meeresboden und nehmen ihre Umgebung scheinbar nicht mehr wahr. Nachts lassen sich diese Fische von Tauchern vorsichtig in die Hand nehmen, doch wenn man sie zu grob anfasst, wachen sie offenkundig auf und flitzen erschreckt davon.

Einige Wissenschaftler glauben, dass der Schlaf für das Immunsystem des Menschen wichtig ist und möglicherweise dazu dient, es wieder aufzuladen. Die Funktion von Träumen ist noch nicht so gut erforscht und es ist unklar, wie weit sie im Tierreich verbreitet sind; dennoch wird keiner, der schon einmal einen schlafenden Hund beobachtet hat, daran zweifeln, dass Hunde diese Fähigkeit mit uns teilen.

Schlafen und Träumen ist eigentlich eine gefährliche Kombination. Würden wir auf die virtuelle Welt eines Traums so reagieren, als wäre sie die Wirklichkeit, so könnten wir uns in Gefahr bringen. Unsere Urahnen hätten im Schlaf nächtlich umherstreunenden Raubtieren in die Quere laufen oder von Bäumen fallen können, wenn der Körper nicht auf irgendeine Weise bewegungsunfähig gemacht worden wäre. Die natürliche Selektion erzielte diese Bewegungsunfähigkeit, indem sie eine Art „Schlaflähmung" entwickelte (nicht zu verwechseln mit dem gleichnamigen schwerwiegenden Symptom der Schlafkrankheit). Wenn wir schlafen, sind unsere Muskeln vom Gehirn abgekoppelt, sodass unser Körper, auch wenn wir träumen, dass wir gehen oder rennen, in Wirklichkeit relativ ruhig bleibt. Man kann sich leicht vorstellen, wie sich dieser Mechanismus entwickelt hat. Wahrscheinlich hat kein Tier, dessen Gene nicht in der Lage waren, seinen Körper bewegungsunfähig zu machen, lange genug gelebt, um diese Gene an irgendwelche Nachkommen weiterzugeben.

Bei manchen Menschen funktioniert diese Schlaflähmung nicht – sie sind „Schlafwandler". Dies ist ein komplexes Phänomen, denn Schlafwandler scheinen im Schlaf mit ihrer realen Umgebung zu interagieren – nicht mit einer imaginären Traumwelt. Sie gehen um Möbel herum und durch Türen und haben die Augen geöffnet.

Die Schlaflähmung setzt sich zuweilen in die Phase des Halb-schlafs, kurz vor dem Erwachen, fort, was sehr beängstigend sein kann, wie es wohl bei jeder plötzlich auftretenden Läh-mungserscheinung wäre. Im mittelalterlichen Europa glaub-ten Menschen, die diese Erfahrung machten, ein böser Geist säße im Schlaf auf ihrer Brust und fessele sie ans Bett. Sie bezeichneten diese Geister als Nachtmahre, was sich im engli-schen Wort für „Alptraum", *nightmare*, bis heute erhalten hat.

Im Weltraumzeitalter wurde diese Erklärung durch die Überzeugung mancher Leute ersetzt, sie seien von außerir-dischen Wesen heimgesucht worden, die sie in ihrem Bett bewegungsunfähig gemacht hätten. Ich selbst habe einmal im Halbschlaf eine ähnliche Erfahrung gemacht; ich stand ganz deutlich unter dem Eindruck, mein ganzer Körper sei gelähmt und werde mit den Füßen voran aus dem Bett gezo-gen, während meine Beine bis zu einem Winkel von fast 45° in der Matratze versanken. Glücklicherweise verflüchtigte sich das Gefühl, als ich es schaffte, mit den Zehen zu wackeln (was Aliens offensichtlich mit Furcht und Schrecken erfüllt).

# 13

# Die Schwachstellen unseres Körpers

Die verschlungenen Wege der Evolution bis zu unserem heutigen Körper haben uns eine Reihe physischer Probleme beschert. Am weitesten verbreitet sind Rückenschmerzen. Diese können unterschiedliche Formen annehmen, aber häufig werden sie durch eine falsche Haltung beim Heben schwerer Gegenstände verursacht.

Die Lendenwirbelsäule, auf Höhe der Taille, kann sich immer noch wie bei einem Reptil nach links und rechts biegen sowie vorwärts und rückwärts wie bei einem vierbeinigen Säugetier. Obwohl die Wirbel ineinandergreifende Fortsätze haben, die übertriebene Bewegungen verhindern, handelt es sich um eine äußerst bewegliche Struktur. Außerdem weist sie ständig, auch wenn wir stehen, eine Krümmung auf und ist – geologisch gesehen – erst seit kurzem einem Druck über die Längsachse ausgesetzt. Für ein Gebilde, dem eine schwere Last aufgebürdet werden soll, gibt es kaum ungünstigere Vorbedingungen.

Demzufolge ist es beim Heben schwerer Gegenstände unabdingbar, die Wirbelsäule möglichst gerade zu halten. Wenn wir uns mit krummem Rücken nach vorn oder zur Seite beugen oder uns dabei in der Taille drehen, kann dies zwei schwerwiegende Folgen haben. Erstens können wir uns einen „Bandscheibenvorfall" holen. Bandscheiben sind runde Polster, die wie Dichtungen zwischen den Wirbeln sitzen. Sie lassen sich etwas zusammendrücken (gewissermaßen wie Gummi) und fungieren als Stoßdämpfer und flexible Verbindungen. Ihre äußere Schicht ist fest, innen haben sie einen gallertartigen Kern.

Wird die gekrümmte Wirbelsäule stark belastet, kann eine Bandscheibe zwischen zwei Wirbeln so zusammengedrückt werden, dass die eine Seite gequetscht und die andere nach außen gestülpt wird (als drücke man eine Kirsche so fest zwischen Daumen und Zeigefinger zusammen, dass der Kern herausspritzt). Eine solche Vorwölbung kann auf die Rückenmarksnerven drücken, was Schmerzen im unteren Rücken und in den Beinen zur Folge hat. Behandelt wird ein Bandscheibenvorfall meistens mit Ruhe, entzündungshemmenden Medikamenten und möglicherweise einer Physiotherapie, aber manchmal ist auch eine Operation erforderlich, um den Druck auf die Nerven zu beseitigen.

Zweitens kann man sich am Rücken Muskelverletzungen zuziehen. Wird die Wirbelsäule beim Lastenheben so gerade wie möglich gehalten, kann sie wie eine Säule einen Teil der Last tragen. Ist sie gebeugt, müssen die Muskeln den größten Teil der Belastung bewältigen und können unter der Anstrengung, den Körper aufrechtzuhalten, gezerrt werden. Im Rücken verlaufen zahlreiche Muskeln in verschiedenen Richtungen. Unter einer ungleichmäßigen Belastung tragen sie leicht einen Schaden davon.

Rückenmuskeln können auch auf weniger spektakuläre Weise geschädigt werden. Eine andauernde ungünstige Sitz- oder Schlafhaltung, insbesondere durch ein zu weiches Bett, belastet die Rückenmuskeln und kann jahrelange Probleme nach sich ziehen.

Sind die Rückenmuskeln angegriffen, verursacht selbst der kleinste Versuch, sich zu bewegen, unerträgliche Schmerzen. Bis die Schwellung abgeklungen ist, was Tage dauern kann, ist an Gehen oder vielleicht sogar Stehen nicht zu denken. Selbst danach kann es sein, dass sich die Muskeln nie mehr richtig erholen und der Rücken auf Dauer geschwächt ist. Rückenschmerzen sind einer der Hauptgründe für (vorübergehende) Arbeitsunfähigkeit. Wir sollten stets auf die richtige Haltung beim Sitzen, Stehen und Heben achten.

Der untere Rücken bereitet uns diese Probleme, weil er praktisch während seiner ganzen Entwicklung nicht auf eine aufrechte Haltung abgestimmt wurde. Diese Entwicklungsgeschichte kann auch am anderen Ende der Wirbelsäule zu Komplikationen führen – bei der Peitschenschlagverletzung oder, anders genannt, beim Schleudertrauma.

Ein Säugetier trägt seinen Kopf normalerweise am vorderen Ende eines waagerechten Rückgrats. Wird das Tier von hinten gestoßen, so wird die plötzliche Beschleunigung des Körpers von der gesamten Länge des Skeletts aufgefangen. Beim Menschen haben sich mehrere Merkmale verändert: Unsere Wirbelsäule verläuft senkrecht, wir haben ein großes, schweres Gehirn entwickelt, wir besitzen den äußerst beweglichen Hals der Primaten und wir haben große, schwere Fahrzeuge erfunden, die wir mit einer unnatürlichen Geschwindigkeit durch die Gegend bewegen und die gelegentlich auf andere Fahrzeuge oder Personen treffen.

Wird eine aufrecht sitzende oder stehende Person unerwartet von hinten gestoßen, kann ihre Wirbelsäule die auftretenden Beschleunigungskräfte nicht ausgleichen und wird nach vorn geschleudert. Zugleich versucht der schwere Kopf zu bleiben, wo er ist. Weil der Hals des Menschen so flexibel ist, kann er den unterschiedlichen Bewegungen von Wirbelsäule und Schädel nichts entgegensetzen. Stattdessen verhält er sich wie ein Scharnier und lässt den Kopf mit einem Ruck nach hinten kippen. Dabei können die Halswirbel gestaucht und die Muskeln und Nerven schwer beschädigt werden.

## Das Herz

Dass wir seit kurzem eine senkrechte Haltung einnehmen, bedeutet für unser Herz, dass es das Blut nun nicht mehr horizontal, sondern gegen die Schwerkraft aufwärts pumpen muss, damit es das Gehirn erreicht. Das Gehen auf zwei Beinen hat diese Beine überdies groß und muskulös werden lassen. Demzufolge befindet sich in den Beinen ständig eine beträchtliche Menge an Blut, das ebenfalls gegen die Schwerkraft zum Herzen zurückzupumpen ist.

Sind wir großen Belastungen ausgesetzt, empfiehlt es sich daher, unsere Stellung zu verändern. Fühlen wir uns einer Ohnmacht nahe, so können wir den Kopf zwischen die Knie hängen lassen, damit, unterstützt durch die Schwerkraft, mehr Blut ins Gehirn strömt. Ist jemand bewusstlos, so legen wir ihn in die stabile Seitenlage, also in die Waagerechte, um auch hier dem Herzen das anstrengende Aufwärtspumpen weitgehend zu ersparen.

# Die Zähne

Während unserer Zeit als Primaten sind unsere Kiefer immer kleiner geworden und unsere großen Eckzähne sind geschrumpft. Wir haben nun viel flachere Gesichter als unsere Urahnen. Leider scheint es der natürlichen Selektion leichter zu fallen, die Form bestimmter Strukturen statt ihre Anzahl zu ändern. Auch wenn einige unserer Zähne nun kleiner sind, haben wir nach wie vor 32 davon und damit genauso viele wie Schimpansen und Gorillas. Da wir diese Zähne jetzt in beträchtlich kleineren Kiefern unterbringen müssen, müssen sie sich häufig außerordentlich drängeln und werden dabei in unnatürliche Positionen gedrückt. Heute tragen viele Menschen zumindest eine gewisse Zeit in ihrer Kindheit Zahnspangen aus Metall, damit die Zähne wieder in Reih und Glied stehen.

Als Letztes brechen bei uns die hintersten vier Backenzähne durch – die sogenannten Weisheitszähne. Oft bleibt ihnen so wenig Platz, dass sie unter den benachbarten Zähnen eingekeilt bleiben und gegebenenfalls herausoperiert werden müssen.

# Hernien

Von einem Eingeweidebruch oder einer Hernie spricht man, wenn sich ein Organ oder ein Teil des Darms durch eine abnorme Öffnung im Körper schiebt – meistens durch oder zwischen den Muskeln der Bauchhöhle hindurch. Zu dieser Art von Verletzung kann es kommen, wenn sich der Druck im Bauchraum durch heftiges Husten oder Heben eines schweren Gewichts plötzlich stark erhöht.

Eine der häufigsten Formen des Eingeweidebruchs tritt auf, weil wir Säugetiere sind. Wandern die Hoden eines Mannes im Laufe seiner Entwicklung aus der Bauchhöhle in den Hodensack, so hinterlässt dies auf beiden Seiten der Leiste eine Schwachstelle. Bei bestimmten Überanstrengungen kann diese Schwachstelle später aufbrechen; ein Teil des Dünndarms kann sich durch die Öffnung drücken, wo er als schmerzende Erhebung unter der Haut tastbar ist.

Die Behandlung besteht üblicherweise aus einem kleinen chirurgischen Eingriff, bei dem der Darm in seine ursprüngliche Position geschoben und das Loch verschlossen wird. In extremen Fällen kann sich die Öffnung um die herausragende Darmschlinge verengen, sodass sie sich nicht mehr zurückdrücken lässt und eingeklemmt wird. Dieser eingeklemmte Bruch ist schwerwiegender, weil Funktion und Blutzirkulation des abgeschnürten Darms dadurch unterbunden werden können.

Bei Männern wie auch Frauen gibt es noch verschiedene andere Arten von Hernien. Um sie zu vermeiden, sollte man auf das Heben extrem schwerer Lasten verzichten sowie alle Aktivitäten unterlassen, die eine plötzliche Druckzunahme im Bauchraum bewirken, beispielsweise wenn sich die Bauchmuskeln ruckartig zusammenziehen.

## Abnutzung

Mit Ausnahme der ärmsten Gesellschaften leben die meisten von uns dank besserer Lebensbedingungen, einer weniger anstrengenden Lebensweise und wirksamerer medizinischer Behandlungen viel länger als unsere Vorfahren. Doch leider haben viele Bestandteile unseres Körpers, genau wie bestimmte Handelsprodukte, so etwas wie ein Haltbarkeitsdatum. Wenn wir es im höheren Lebensalter überschreiten, beginnen sich einige dieser Teile abzunutzen.

Dies betrifft vor allem unsere Beingelenke. Auch das hängt wieder mit unserem entwicklungsgeschichtlich erst kürzlich erfolgten Wechsel zum aufrechten Gang zusammen. Unsere Hinterbeine wurden nahezu während ihrer ganzen Entwicklung jeweils darauf abgestimmt, das Körpergewicht gemeinsam mit drei anderen Beinen zu tragen oder auch mit zwei Beinen, wenn ein Bein einen Schritt machte. Nun tragen wir das volle Gewicht unseres Körpers auf zwei Beinen, und beim Gehen balancieren wir auf einem Bein, das unter dieser Belastung die Position verändert und seine Gelenke verdreht. Überdies sind wir in den letzten Millionen Jahren größer und schwerer geworden, und unser moderner urbaner Lebensstil mit fetthaltigem Fast Food und wenig Bewegung hat das Gewichtsproblem für viele Menschen noch verschärft. All diese Faktoren fordern einen Tribut von unseren Knien und Hüften.

Die Knochenenden in unseren Gelenken sind mit einer dünnen Knorpelschicht überzogen, die von einer Flüssigkeit feucht gehalten wird, um Reibung zu verringern. Mit zunehmendem Alter kann sich die Knorpelschicht abnutzen, wodurch die Knochenenden direkt miteinander in Kontakt kommen und aufeinanderreiben. Dann spricht man von einer Arthrose oder, bei entzündlichen Vorgängen, von Arthritis. Eine Arthrose kann auch zwischen den Hals- oder Lendenwirbeln sowie in Fingern und Daumen auftreten.

In extremen Fällen lassen sich die Symptome – falls entsprechende medizinische Einrichtungen vorhanden sind – möglicherweise operativ behandeln. So kann man schmerzhafte Wirbel fest miteinander verbinden. Das mindert zwar die Beweglichkeit, verhindert aber, dass die Knochen aneinanderreiben. Um die Beine wieder mobil zu machen, kann man die Knochenenden in Knie oder Hüfte operativ entfernen und durch Gelenke aus Metall und Kunststoff ersetzen. Diese sind nie so belastbar wie das Original, steigern die Lebensqualität der Patienten aber beträchtlich.

Auch unsere Muskeln werden mit fortschreitendem Alter schwächer, scheinen sich aber niemals auf die gleiche Weise abzunutzen wie Knochen, insbesondere wenn sie regelmäßig beansprucht werden. Niemand hat je sein Sprechvermögen eingebüßt, weil sich die Zunge abgenutzt hatte.

Dagegen treten im Alter Abnutzungserscheinungen an unseren Zähnen auf, und auch die Leistungsfähigkeit unserer Sinnesorgane kann nachlassen. Erneut sind wir die einzige Spezies, die diese Probleme bewusst mit spezieller Technik bekämpft – so gibt es Zahnprothesen fürs Kauen, Brillen, Kontaktlinsen oder Laseroperationen fürs Sehen sowie Hörgeräte (oder die gesellschaftlich weniger anerkannten Lautstärkeregler) fürs Hören. Technische und chirurgische Eingriffe wie diese sind eindrucksvolle Beispiele für die einzigartige Fähigkeit unserer Spezies, äußerst gewagte Lösungen für naturgegebene Unannehmlichkeiten zu ersinnen und dann nach einer Möglichkeit zu suchen, diese Lösungen in die Tat umzusetzen. Organtransplantationen, Bluttransfusionen, Hirnoperationen und zahlreiche weitere Beispiele, die wir mittlerweile als selbstverständlich erachten, verdanken wir allesamt Quantensprüngen unserer Fantasie, die in den vergangenen dreieinhalb Milliarden Jahren so gut wie sicher keiner anderen Spezies möglich waren. Wer hätte vor tausend Jahren davon zu träumen gewagt, dass wir ein Menschenleben retten könnten, indem wir einem Unfallopfer das Herz entnehmen und in einen anderen Körper einnähen oder indem wir aus einem menschlichen Körper das gesamte Blut herausfließen lassen, es waschen und dann zurückleiten, während die betroffene Person ruhig dasitzt und ein Buch liest? Wir sind wahrhaftig eine erstaunliche Spezies.

## Altern

Das Problem, älter zu werden, umfasst mehr als nur den Verschleiß unserer Körperteile. In höherem Alter wird unser Immunsystem schwächer, die Verdauung weniger effizient, die Lungen büßen an Elastizität ein und das Atmen fällt schwerer, das Herz verliert an Leistungsfähigkeit, die Arterien werden dicker und weniger elastisch, und die Wärmeregulierung ist möglicherweise nicht mehr so effektiv, was bei einem schwachen Kreislauf dazu führt, dass uns auch bei warmem Wetter kalt ist. Der Verlust von Nervenzellen im Gehirn beeinträchtigt das Gedächtnis, die Nieren büßen an Leistungsfähigkeit und die Blase an Elastizität ein, weswegen wir, vor allem nachts, häufiger zur Toilette gehen müssen.

Äußerlich wird unsere Haut dünner und faltiger, das Haar wird grau oder fällt aus, unsere Muskelspannung lässt nach, das Gesicht wird schlaffer, und es wird schwieriger, unerwünschte Fettpolster, insbesondere um die Taille, wieder loszuwerden. Unsere Ohren werden länger und dicker, und bei Männern können dort, insbesondere am Eingang zum Hörkanal, peinlicherweise lange Haare wachsen. Die Knochen werden immer poröser und können in der Wirbelsäule anfangen zu zerfallen, was gemeinsam mit dem natürlichen Dünnerwerden der Bandscheiben zwischen den Wirbeln zu einer Schrumpfung und Verkrümmung des gesamten Körpers führt.

Wissenschaftler haben für diese Leidensliste verschiedene mögliche Gründe angeführt. Einige behaupten, Zellen hätten vielleicht ein begrenztes aktives Leben – sie besäßen nicht nur

bildlich gesprochen, sondern tatsächlich ein „Haltbarkeitsdatum". Ist ihr Lebenswerk vollendet, so werden sie gezielt von
ihren Genen zerstört. Dies ist gewissermaßen die verschärfte
Version der natürlichen Vorgänge in vielen Geweben, bei denen sogar schon früh im Leben Zellen absterben und ersetzt
werden. Dies geschieht beispielsweise in der Haut, wo sich
die Zellen an die Oberfläche bewegen, eine Schutzschicht bilden und dann absterben, während diese fortwährend erneuert wird (der überwiegende Teil des Hausstaubs besteht aus
abgestorbenen Hautzellen). Laut dieser Theorie ereilt eine
solche Selbsttötung später im Leben alle unsere Zellen.

Sogenannte „freie Radikale" (elektrisch geladene Moleküle) hat man ebenfalls für den Alterungsprozess verantwortlich gemacht. Freie Radikale entstehen bei normaler Aktivität in den Zellen, wenn durch chemische Prozesse Energie
freigesetzt wird. Sie verursachen gewissermaßen die chemische Umweltverschmutzung von Zellen und können großen
Schaden anrichten, wenn sie nicht neutralisiert werden. In
einem frühen Lebensstadium produziert der Körper natürliche Antioxidanzien, um sie zu bekämpfen; später gelingt
ihm dies nicht mehr so gut und die freien Radikale werden
immer zerstörerischer, indem sie die Gene beschädigen, die
die ordnungsgemäßen Zellfunktionen überwachen. Einige
Leute sind der Ansicht, dass diese Schäden der Hauptgrund
von Alterungsprozessen sind.

## Das Altern und die Gene

Von einigen Wissenschaftlern stammt die Erklärung, das Altern sei die Folge einer Anhäufung von Genen, die eine ne-
gative Auswirkung auf den Körper haben – indem sie mögli-

cherweise die Wirksamkeit der Antioxidanzien einschränken –, aber erst später im Leben aktiv werden.

Nicht alle Gene nehmen ihre Aktivität mit dem Moment der Befruchtung der Eizelle im Mutterleib auf. Einige verharren in einem Ruhezustand, bis sie irgendwann später im Leben angeschaltet werden. Die Pubertät, in der sich der Körper eines Kindes zum Körper eines Erwachsenen entwickelt, ist ein gutes Beispiel für eine Zeit, in der bislang ruhende Gene aktiviert werden und den Körper anweisen, die für den Reifungsprozess notwendigen Hormone zu produzieren.

Alle unsere Gene sind entstanden, indem sie sich aus älteren Genen entwickelt haben. Gene verändern sich mit der Zeit (sie „mutieren"), und diese Änderungen sind für den Besitzer nicht unbedingt vorteilhaft. Doch selbst schädliche Gene können in der Population überleben. Alles hängt davon ab, wann sie im Körper aktiv werden.

Jedes neu mutierte Gen, das vor der Geschlechtsreife seines Besitzers angeschaltet wird und dann den Fortpflanzungserfolg vermindert, stirbt womöglich schnell wieder aus, weil es nicht leicht an die nächste Generation weitergegeben werden kann. Dagegen wird ein Gen, das vor der Geschlechtsreife aktiviert wird, aber den Fortpflanzungserfolg nicht vermindert oder vielleicht sogar erhöht, mit recht großer Wahrscheinlichkeit an die nächste Generation weitergegeben. Jedes Gen, das erst später im Leben aktiviert wird, gelangt jedoch *immer* in die nächste Generation, weil das betreffende Elternteil es bereits an seine Kinder weitergegeben hat, bevor es aktiviert wurde und eine – gute oder schlechte – Wirkung gezeigt hat. Demnach überleben selbst destruktive Gene immer, wenn es sich zufällig um Gene handelt, die erst später im Leben angeschaltet werden. Eine Theorie lautet, dass eine Anhäufung derartiger Gene den Alterungsprozess bewirkt.

## Das Altern und die natürliche Selektion

Wenn einige Gene überleben können, obwohl sie auf ihren Besitzer eine höchst zerstörerische Wirkung haben, heißt das, dass die natürliche Selektion diesem Besitzer damit keinen Gefallen tut. Das ist unbestreitbar. Warum dies so ist, erklären wir am besten mit einer weiteren Analogie.

Die Evolution gleicht einem Staffelrennen mit den Genen als Staffelstab. Bei einem Staffelrennen konzentriert sich der Kommentator auf den Athlet mit dem Stab, aber nur so lange, bis der Stab an den nächsten Läufer übergeben wird. Während Läufer 1 um die Bahn sprintet, konzentriert sich der Sprecher ganz auf dessen Bemühungen, doch sobald Läufer 1 den Stab an Läufer 2 übergeben hat, spricht der Kommentator nicht mehr darüber, wie Läufer 1 langsamer wird, wie er nach Luft ringt, wie er sich nach vorn beugt und die Hände auf die Oberschenkel stützt. Stattdessen wendet der Kommentator mit dem Wechsel des Stabs zu Läufer 2 seine ganze Aufmerksamkeit umgehend diesem Läufer zu, weil er jetzt den Staffelstab trägt. Dem Kommentator ist es egal, ob Läufer 1 zusammengebrochen ist. Sein Fokus hat sich verschoben.

Die Evolution macht es genauso. Sobald die Gene an die nächste Generation weitergegeben wurden und diese Generation von den Eltern unabhängig geworden ist, ist es der Evolution egal, was mit den Eltern passiert. Die Eltern sind entbehrlich, wirkungslos geworden. Sie haben ihr Ziel schon erreicht. Sie haben den Staffelstab weitergegeben. Nun ist es nicht mehr erforderlich, die Eltern jung und gesund zu erhalten. Die natürliche Selektion lässt sie zugunsten ihrer Kinder im Stich.

Natürlich altern wir auch, wenn wir keine Kinder haben, und wir altern genauso schnell wie Eltern (obwohl Eltern vielleicht das Gefühl haben, dass sie schneller altern). Um die Analogie fortzuführen: Haben wir keine Kinder, so sind wir der Läufer, der mit dem Staffelstab in der Hand gestürzt ist und das Rennen nicht beenden konnte. So wie Kommentatoren ignoriert die natürliche Selektion gestürzte Läufer.

In Kapitel 4 haben wir gesagt, Geburten seien einfach deswegen schmerzhaft, weil sie nicht schmerzfrei zu sein bräuchten. Nun können wir hinzufügen, dass unsere Körper altern, weil sie nicht jung bleiben müssen. Sie haben ihre Aufgabe erfüllt wie eine Pflanze, die ihre Samen verstreut hat. Der natürlichen Selektion ist es gleichgültig, ob sie nun vertrocknet und stirbt.

# 14

## Unser Gehirn

*Homo sapiens* ist zwar nur eine von vielen Tierarten, aber wir sind Generalisten und damit eine seltene Spezies. Wir wurden nicht, wie so viele andere Spezies, in eine enge biologische Nische gedrängt. Wir sind nicht von einer ganz bestimmten Nahrungsquelle abhängig. Wir sind nicht auf einen engen Temperaturbereich angewiesen. Wir leben nicht nur in den Bergen oder nur in der Wüste. Wir können uns praktisch jede Umgebung und jede Nahrung zunutze machen. Als sich unsere Urahnen in Afrika entwickelten, waren sie für die Umweltbedingungen in Lappland oder im Amazonasbecken zwar noch nicht bestens gerüstet, doch mittlerweile kommen wir Menschen auch an diesen Orten sehr gut zurecht. Mit Hilfe unserer Intelligenz konnten wir Probleme, die sich uns stellten, lösen und unsere Lebensweise an die herrschenden Bedingungen anpassen, indem wir uns die erforderlichen Kleider machten und uns von dem ernährten, was uns zur Verfügung stand.

Dank unserer Anpassungsfähigkeit geben wir unsere Gene äußerst erfolgreich weiter. Unsere Population hat sich stark vergrößert und über den ganzen Planeten ausgebreitet. Mittlerweile sind wir so zahlreich und unsere Technik ist so leistungsfähig, dass wir einen bedenklich großen Einfluss auf unsere Umwelt und die übrigen dort lebenden Spezies ausüben. Gäbe es eine Pflanze mit den Merkmalen von *Homo sapiens*, so würde man sie als schädliches und unerwünschtes Unkraut betrachten. Wir sind das schlimmste Unkraut auf Erden.

Vielleicht konnte es so weit kommen, weil wir uns nicht als eine globale Spezies entwickelt haben. Erst seit kurzem sind wir überall auf der Welt zu Hause und verfügen daher noch nicht über eine globale Sichtweise. „Die Welt" liegt für die meisten von uns jenseits des eigenen Horizonts – bei den einen mehr, den anderen weniger. Wir konzentrieren uns auf unsere unmittelbare Umgebung und auf die Ziele unserer örtlich begrenzten Kultur, statt nach den Bedürfnissen unserer internationalen Kultur zu fragen. Wir wollen, dass die globale Erwärmung aufhört, aber wir wollen nicht aufhören, Auto zu fahren. Wir wollen, dass das Leid auf der Welt ein Ende hat, aber 2 000 Jahre Christentum feiern wir, indem wir für das Aufstellen eines riesigen Zeltes in London 800 Millionen Pfund ausgeben. Wir sind von Natur aus eine engstirnige Spezies; in unserem Denken sind wir unserem Dorf noch nicht entkommen, und unsere Intelligenz nutzen wir meistens, um Wissen anzuhäufen, statt es dort anzuwenden, wo es nötig ist.

## *Homo sapiens* – der „weise Mensch"

Zweifellos halten wir uns für die intelligenteste Spezies auf diesem Planeten. Selbst wenn wir glauben, dass sich unser Körper nur geringfügig von dem eines Schimpansen unterscheidet, sind die meisten Menschen wohl der Ansicht, dass unsere höhere Intelligenz die Errungenschaft der Evolution ist, die uns von allen anderen Lebensformen abhebt.

Wir können alle nachvollziehen, was mit dieser Behauptung gemeint ist, und wenn wir „Intelligenz" definieren sollen, umschreiben wir sie mit „Schlauheit" oder „Klugheit" oder ähnlichen Begriffen. Das Problem ist nur, dass es sich dabei nicht um Definitionen handelt, sondern lediglich um andere Wörter für denselben Gegenstand. Keiner dieser Begriffe erklärt tatsächlich, worum es sich handelt. Wenn wir wirklich die intelligentesten Tiere auf diesem Planeten sind, dann sollten wir uns auch darauf festlegen können, was „Intelligenz" ist, aber das ist nicht so leicht, wie es klingt. Um das Wesen der Intelligenz zu ergründen, hat man schon ganze Tagungen abgehalten, und am Ende sind Hunderte gescheiter Leute um nichts klüger als vorher wieder nach Hause gegangen. Es wurde sogar vorgeschlagen, das Reden über die Intelligenz einzustellen, da es schlichtweg unmöglich sei, eine treffende Definition zu finden, aber dafür ist es schon zu spät. Das Wort existiert, jeder benutzt es und wir scheinen es alle auf dieselbe Weise zu verwenden. Das lässt vermuten, dass wir alle zu wissen glauben, was es bedeutet, auch wenn wir nicht sagen können, was es ist.

Müssten wir die Intelligenz mit einer Analogie umschreiben, so würden die meisten Menschen wohl so etwas wie „Stärke" sagen. Stärke ist etwas, das wir alle in unterschiedlichem Ausmaß haben, und man kann Menschen in Bezug auf ihre Stärke vergleichen und sie in eine Skala von sehr stark bis sehr schwach einordnen. Intelligenz verbinden wir normalerweise mit Stärke, mit „Denkstärke" gewissermaßen, aber ist diese Analogie korrekt? Vielleicht hilft es, wenn wir uns einmal ansehen, wie wir das Wort verwenden.

## Das Wesen der Intelligenz

Man ist sich einig, dass Intelligenz lediglich eine Eigenschaft unseres Gehirns ist. Ein Chirurg kann unsere Intelligenz nicht entfernen und sie unter dem Mikroskop untersuchen. Ebenso unstrittig ist, dass wir es als ein Kompliment betrachten, wenn uns jemand Intelligenz bescheinigt. Wir schätzen Intelligenz. Außerdem scheinen wir Intelligenz als eine relative Größe zu betrachten. Wir messen sie, indem wir Menschen miteinander oder mit anderen Spezies vergleichen. Tun andere Menschen etwas mit ihrem Gehirn, was wir nicht können, sagen wir, dass sie intelligent sind. Verhalten sich andere Spezies wie Menschen, sagen wir, dass *sie* intelligent sind (wobei wir jedoch nie vergessen, dass wir intelligenter sind als sie).

Wir bewerten die Intelligenz anderer Spezies, indem wir Tests entwerfen, deren Lösung wir kennen, und beurteilen, wie umfassend oder schnell ein Tier, das die Lösung nicht kennt, den Test besteht. Das ist sehr egozentrisch und ziemlich arrogant. Ein solches Kriterium erlaubt einfach keinen gültigen Nachweis für die Intelligenz eines Schimpansen, eines Hundes oder eines Wals. Dieser Ansatz wurzelt in der überholten Sichtweise der Naturforscher aus dem 19. Jahrhundert, für die die Evolution eine Leiter war, auf der man mit jeder Sprosse der Vollkommenheit näher rückte und der Mensch als die am weitesten entwickelte und intelligenteste Spezies von allen ganz oben saß. Dementsprechend wurde dann versucht, die anderen Spezies auf unterschiedlich hohen Sprossen der Leiter einzuordnen.

Leider stellte sich diese Vorstellung der Evolution als falsch heraus. Sie ist keine Leiter. Jede heute lebende Spezies kann auf eine genauso lange Entwicklungsgeschichte zurückblicken wie alle anderen, und da jede eindeutig ein Überlebenskünstler ist (da sie heute existiert), ist sie vermutlich auch genauso intelligent, wie sie sein muss. Es ist falsch, davon auszugehen, dass andere Spezies auf demselben Pfad der Evolution gewandelt sind wie wir, aber stehen geblieben sind, bevor sie am Ziel waren. Jede ist ihren eigenen Weg gegangen. Wir können die Intelligenz eines Hundes nicht mit der Intelligenz eines Wals vergleichen. Ein Hund ist so klug, wie ein Hund in seiner Welt zu sein hat, und ein Wal ist so klug, wie ein Wal in seiner Welt zu sein hat. Wollte man sie vergleichen, so wäre das, als würde man fragen: „Was ist besser, eine Eiche oder ein Hering?" Inwiefern besser? Sie haben sich für verschiedene Lebensformen in unterschiedlichen Umgebungen entwickelt. Sie zu vergleichen, ist unzulässig, und dies zu versuchen, offenbart ein mangelndes Verständnis der Evolution und letztlich der Natur.

## Was gehört nicht zur „Intelligenz"?

Im zweiten Kapitel habe ich gesagt, zwei wesentliche Grundzüge des Menschen seien seine Logik und seine Intuition; die Wissenschaft stehe für die Logik und die Religion für die Intuition. Tatsächlich umfasst dieser zweite Aspekt unseres Seins jedoch weitaus mehr als Intuition und Religion – er betrifft auch unser moralisches und ethisches Empfinden, und dies steht oft im Widerstreit mit unserem wissenschaftlichen Handeln. Der Wissenschaftler in uns fragt: „Können wir ...?" („Können wir Atombomben bauen?", „Können wir leben, ohne Fleisch zu essen?", „Können wir Menschen klonen?") Die nicht-wissenschaftliche Seite der menschlichen Natur dagegen fragt: „Dürfen wir ...?" Dies ist bei Weitem die wichtigere Frage. Was uns als menschlich kennzeichnet, ist nicht unsere einzigartige Fähigkeit, die Natur zu manipulieren, sondern die Fähigkeit zu fragen: „Dürfen wir?"

Wir können all unsere technischen Ressourcen dafür einsetzen, auf dem Mars eine Sonde zu platzieren, während irgendwo auf der Erde Kinder sterben, weil ihnen kein sauberes Wasser zur Verfügung steht oder weil sie an leicht heilbaren Infektionen leiden. Wir lassen das zu, weil es sich um die Kinder anderer Leute handelt und sie nicht vor unserer Nase sterben. Wir wissen, dass es diese Kinder gibt und ihr Elend bedauerlich ist, aber als Spezies entscheiden wir uns, nur wenig oder nichts zu tun, um ihnen zu helfen. Unsere Fähigkeiten überzeugen uns vielleicht davon, wie intelligent wir sind, aber unsere Entscheidungen bestätigen diese selbstgefällige Einschätzung nur selten.

Nichtsdestoweniger sprechen wir von unserer „Menschlichkeit" und unserer Fähigkeit, „human" zu handeln (was ebenfalls nichts anderes als „menschlich" heißt), doch diese Worte beziehen sich nicht auf unseren Intellekt. Wir definieren uns lieber über Verhaltensweisen, die unserem Herzen, nicht unserem Verstand, entspringen.

Entsprechend sagen wir, dass Einstein – ein berühmter Wissenschaftler – intelligent war. Über Rembrandt – einen berühmten Maler – dagegen sagen wir, dass er sehr begabt war. Wir empfinden große Künstler nicht als intelligent (womit ich nicht sagen will, dass Künstler weniger klug seien – wir erwarten nur nicht, dass sie es sind). Diese Unterteilung in Kunst und Wissenschaft oder auch in Geistes- und Naturwissenschaften ist anscheinend tief verwurzelt. Auch sie spiegelt die in unseren Augen unterschiedlichen Facetten des Menschseins wider. Von einem Kunstwerk sagen wir, es „ist gefühlvoll" oder „hat eine Seele", aber nicht, es „hat Hirn".

Meinen wir möglicherweise, Intelligenz sei nichts als die Beherrschung von Wissen?

## Wissen und Intelligenz

Menschen, die wir für intelligent halten, sind selten Menschen, die wenig wissen. Vielleicht verfügen sie, wie beispielsweise ein Raketentechniker, über einen reichen Schatz akademischen Wissens oder sie kennen sich bestens in der derzeitigen politischen Lage aus, wie ein Diplomat, der versucht, einen Krieg zu verhindern. Für Intelligenz scheint zumindest etwas Wissen vonnöten zu sein. Andererseits aber reicht ein großer Wissensschatz nicht aus, um intelligent zu sein. Selbst dem umfangreichsten Computerspeicher der Welt traut man nicht die Fähigkeit zu intelligentem Denken zu, und ein Mensch, der über norwegische Postleitzahlen alles weiß, was man darüber wissen kann, wird von seinen Bekannten möglicherweise doch nicht als Intellektueller angesehen (wahrscheinlich sogar eher als das Gegenteil).

Dagegen können manche Menschen durchaus als intelligent gefeiert werden, obwohl sie über ein eher begrenztes Wissen verfügen. Wunderkinder sind noch nicht lange genug auf der Welt, um viel Wissen angehäuft zu haben, doch in ihrem Fachgebiet sind sie brillant. Freilich haben diese Fachgebiete meistens ganz bestimmte Merkmale. Wunderkinder glänzen auf Gebieten wie Mathematik, Musik oder Schach. Deren Komplexität ergibt sich aus der Verknüpfung eigentlich einfacher Strukturen. Mathematik ist nichts als Addition und Subtraktion, und selbst beim Subtrahieren kehrt man die Addition eigentlich nur um. Musik ist lediglich eine Skala von Tönen, von denen sich einige reiben und andere harmonieren. Beim Schach gibt es eine kleine Anzahl von Figuren, die jeweils nur auf eine ganz bestimmte Weise bewegt werden dürfen. Die Herausforderung besteht in jedem Fall in der unendlichen Zahl von Möglichkeiten, nach denen diese einfachen Elemente kombiniert werden können, um immer neue Ergebnisse hervorzubringen.

Das erinnert an einen geschickten Maurer, der aus vielen identischen Ziegelsteinen und Zement viele verschiedene Typen von Häusern bauen kann. Die Rohmaterialien sind begrenzt – das Besondere ist die Fähigkeit, diese zu manipulieren. Es gibt kaum Wunderkinder in den Bereichen der Medizin, Architektur, Ingenieurswissenschaft oder vielen anderen mehr, weil diese Disziplinen Wissen voraussetzen – riesige Mengen an Rohdaten. Ein sechsjähriges Kind hat noch kein großes Wissen erworben. Wunderkinder haben sich problemlos Fertigkeiten auf bestimmten Gebieten angeeignet, weil ihre Gehirne anders als die anderer Leute arbeiten, aber sie hatten noch nicht genügend Zeit, um Daten zu sammeln.

Demnach besteht möglicherweise eine Beziehung zwischen Wissen und Intelligenz. Im Englischen kann das Wort *intelligence* sogar „Informationen" bedeuten: Ein *intelligence service* ist ein Geheim- oder Nachrichtendienst – so steht „CIA", der „Zentrale Nachrichtendienst", für *Central Intelligence Agency*. Wissen alleine ist jedoch nicht dasselbe wie Intelligenz.

## Neugier und Intelligenz

Wir sind vermutlich die einzige Spezies, die fragt: „Wie entstehen Sterne?", „Was befindet sich in einem Atom?" oder

„Wie können sich Kontinente auf der Oberfläche einer festen Erde verschieben?" Schuld daran ist die in unserer Spezies stark ausgeprägte Neugier. Im Grunde ist Neugier etwas Gefährliches – das galt wohl insbesondere in der ungezähmten Welt unserer Urahnen –, doch von Neugier kann man auch beträchtlich profitieren. Neugier ist Durst nach Wissen. Wenn wir einer Person, die „Warum?" fragt, bescheinigen, sie habe eine intelligente Frage gestellt, erkennen wir zwar nicht ihre Neugier als eine Form der Intelligenz an, aber wir gehen unbewusst von einer Verbindung zwischen Wissen und Intelligenz aus und bringen zum Ausdruck, dass es intelligent ist, nach Wissen zu trachten.

## Sprache und Intelligenz

Wir können uns nur deshalb gegenseitig nach dem Warum fragen, weil wir gesprochene und in jüngerer Zeit auch geschriebene Sprache entwickelt haben. Philosophen betonen gern, dass die Entwicklung der Sprache durch den Menschen vor allem anderen ein Zeichen für unsere Intelligenz sei. Die Relevanz dieser Aussage hängt jedoch davon ab, ob wir das Rätsel der Definition von Intelligenz lösen können, und von dem, was wir unter Sprache verstehen (ein weiteres Definitionsproblem). Die meisten Spezies kommunizieren. Ein vor Schmerzen heulender Hund erzeugt Laute, die für Mitglieder seiner Spezies sowie andere Spezies eine Bedeutung haben. Für Winseln, Bellen und Knurren gilt das Gleiche. Ist das keine Sprache?

Der Hund nutzt Laute, um Informationen über seinen emotionalen Zustand zu übermitteln. Andere Spezies verwenden Sprache vielleicht, um Fakten mitzuteilen. Wir Menschen sind darin zwar besonders eifrig, aber wir sind nicht die Einzigen. Hunde können auch die Bedeutung von Wörtern wie „Fressen", „Gassi", „Katze" und „Sitz" lernen. Diese Wörter übermitteln keine Gefühle, sondern Informationen. Nicht nur Säugetiere können auf diese Weise kommunizieren. Bienen, die eine ergiebige Nektarquelle gefunden haben, kehren zum Bienenstock zurück und teilen den anderen Arbeiterinnen mit, wo sie sich befindet. Sie übermitteln diese Fakten durch ihre Bewegungen und die Art und Weise, wie sie dabei ihren Körper ausrichten – sie kommunizieren durch Tanzen. Die Arbeiterinnen, die die Nektarquelle noch nicht kennen, können dann geradewegs dorthin fliegen. Diese Fähigkeit zur Wissensvermittlung ist die Stärke einer faktenbasierten Sprache, nicht einer Sprache, die auf Emotionen beruht.

Die meisten Tiere sammeln Wissen über persönliche Erfahrungen (dazu kann auch gehören, andere Tiere zu beobachten). Mit der Entwicklung von Sprache lässt sich Wissen aus den Erfahrungen anderer Individuen gewinnen. Wir müssen nicht mehr etwas selbst erleben oder beobachten, um darüber Bescheid zu wissen. Wir wissen, dass elektrischer Strom gefährlich ist und dass man einen Schlag bekommen kann, wenn man nichtisolierte Leitungen anfasst – das hat man uns gesagt. Wir müssen nicht erst einen Stromschlag bekommen, um unsere Intelligenz dadurch demonstrieren zu können, dass wir keine ungeschützten unter Strom stehenden Elektrokabel anfassen.

Es lässt sich unmöglich sagen, ob der Besitz einer hoch entwickelten Sprache beweist, dass wir intelligent sind, aber mit einer Sprache können wir sehr viel besser so tun, als seien wir intelligent, weil wir mit ihrer Hilfe Wissen erlangen können, das unsere eigenen Erfahrungen bei Weitem übersteigt.

## Intelligenz und intelligentes Verhalten

Ich bin auch in die Falle getappt und habe gesagt, dass wir zwar nicht wissen, was Intelligenz ist, aber so tun können, als besäßen wir welche. Diese Aussage ist wieder völlig irrelevant, solange wir nicht erneut versuchen, eine Definition zu finden. Wenn Intelligenz nicht einfach der Besitz eines großen Wissensschatzes ist, könnte sie dann das sein, was wir mit unserem Wissen tun? Ist Intelligenz möglicherweise die Fähigkeit, das Wissen zu nutzen und es so auf Situationen anzuwenden, dass man sich in seinem Verhalten an Veränderungen anpassen kann? Ist ein intelligentes Tier ein anpassungsfähiges Tier?

Der Mensch ist vielleicht das anpassungsfähigste Tier, das je existiert hat, wie wir in der Einleitung zu diesem Kapitel gesehen haben. Für jeden Betrachter zeugt dieses anpassungsfähige Verhalten zweifellos von Intelligenz; bislang habe ich jedoch von intelligentem Verhalten und Intelligenz so gesprochen, als seien sie ein und dasselbe – aber das ist nicht der Fall. Es ist einfacher, einen Roboter zu bauen, der intelligent *aussieht*, als einen zu bauen, der intelligent *ist*. Intelligentes Verhalten ist ein Verhalten, das den Umständen angemessen ist, und zwar insofern, als es die Überlebenschance erhöht oder sich damit irgendein anderes gewünschtes Ziel erreichen lässt. Wir können einen Roboter bauen, der den Weg durch ein Labyrinth findet, doch wir wissen, dass Roboter nicht intelligent sind (wir sind noch nicht in der Lage, intelligente Roboter zu konstruieren). Findet ein Tier den Weg durch ein Labyrinth, werten wir das als Zeichen seiner Intelligenz, aber was wir dort eigentlich beobachten, ist intelligentes (oder genauer, anscheinend intelligentes) Verhalten und nicht zwangsläufig Intelligenz. In diesem Fall nehmen wir nur an, dass hinter dem anscheinend intelligenten Verhalten intelligentes Denken steht. Unser anpassungsfähiges Verhalten ist einfach nur intelligentes Verhalten und kein Beweis für Intelligenz an sich.

Die richtige Interpretation kann auch dadurch erschwert werden, dass sich Verhalten aus verschiedenen Blickwinkeln betrachten lässt. Einerseits ist eine Spezies, die für ihre Nahrung Vakuumverpackungen aus haltbaren Dosen erfindet, in denen sie jahrelang genießbar bleibt, wohl als hochintelligent anzusehen. Andererseits kann eine Spezies, die ihre Nahrung in fest verschlossenen Metallbehältern aufbewahrt, die sich mit keinem ihrer Körperteile, sondern nur mit einem Werkzeug öffnen lassen, das sich nicht beim Behälter befindet, außerordentlich dumm dastehen.

## Intelligenz als eine Art zu denken

Wenn Intelligenz keine Art des Verhaltens ist, könnte sie dann eine Art zu denken sein? Wir können mit Hilfe der uns zur Verfügung stehenden Fakten folgern, was geschehen ist oder geschehen wird, indem wir über Dinge, die wir nicht sehen und zu denen wir nicht einmal Informationen aus zweiter Hand besitzen, Schlussfolgerungen ziehen und Vorhersagen treffen. Das ist zweifellos eine sehr nützliche Fähigkeit, aber man wird das Gefühl nicht los, ein Computer könnte dies ebenso gut, wenn er über genügend Informationen verfügte und mit ausreichend WENN-DANN-Befehlen programmiert worden ist. (Eine Schlussfolgerung, oder Deduktion, wäre: „WENN der Kuchen verschwunden ist, als nur eine Person im Zimmer war, DANN hat diese Person den Kuchen gegessen." Eine Vorhersage, oder Prädiktion, wäre: „WENN die Sonne heute früh etwa um sechs Uhr aufgegangen ist, DANN geht sie morgen früh auch etwa um sechs Uhr auf.") Mit genug Informationen und genug Zeit scheinen solche Schlussfolgerungen oder Vorhersagen nicht allzu viel Intelligenz zu erfordern.

Ideen warten jedoch nicht immer am Ende eines beschwerlichen Weges durch die deduktive Logik. Viele Ideen kommen uns unerwartet, als hätte sie uns jemand plötzlich eingepflanzt. Möglicherweise ist das eine Funktion unseres Unterbewusstseins, das die Fakten ordnet und miteinander verknüpft, während sich das Bewusstsein mit etwas anderem beschäftigt, bis sich die Einzelteile unvermittelt alle zusammenfügen. Doch wie auch immer dies vor sich geht – ein Computer scheint es bisher noch nicht zu können. Könnte diese Fähigkeit das sein, was wir als „Intelligenz" bezeichnen – dass unser Denken in der Lage ist, Abkürzungen zu nehmen? Genau das meinen wir wohl, wenn wir von einem Geistesblitz sprechen. Doch wenn wir dächten, dass unter „Intelligenz" plötzliche Eingebungen zu verstehen sind, hätten wir das Wort „Eingebung" gar nicht erst zu erfinden brauchen. Wenn nun Eingebung kein verlässlicher Indikator für Intelligenz ist – wäre logisches Denken dann vielleicht ein besserer Kandidat?

## Logisches Denken und Intelligenz

Logisches Denken ist die Fähigkeit, Probleme mental zu lösen, indem man die verfügbaren Informationen ordnet und daraus einen logischen Schluss zieht. Mit logischem Denken müssen wir Probleme nicht länger durch das Versuch-und-Irrtum-Verfahren lösen; es ist eine weitere Methode unseres Hirns, einen sonst lästigen und zeitraubenden Prozess ab-

zukürzen. Suchen wir beispielsweise in einem Bekleidungs-
geschäft nach grauen Anzügen und wissen, dass es auf der
zweiten Etage blaue Anzüge gibt, können wir schlussfolgern,
dass sich die grauen Anzüge ebenfalls auf der zweiten Etage
befinden. Damit kürzen wir eine umständliche Suche nach
den grauen Anzügen ab, bei der wir am Eingang begonnen
und dann den ganzen Laden Meter für Meter durchforstet
hätten.

Dennoch kann auch logisches Denken einem beschwerlichen Weg mit Hilfe deduktiver Methoden ähneln. Anders
als bei Geistesblitzen sind wir uns normalerweise jedes einzelnen Schrittes bewusst und steuern unseren Denkapparat
Stück für Stück, bis wir an einem Ziel angelangt sind.

Meistens finden wir, dass Menschen mit einem offensicht-
lichen Talent für logisches Denken intelligent sein müssen,
doch ein Beobachter des Denkprozesses kann die Beziehung
zwischen dem logischen Denken und dem Grad der Intelligenz möglicherweise nicht richtig einschätzen. Logisches
Denken ist zwar die Fähigkeit, einen logischen Gedanken-
gang zu vollziehen, doch häufig lässt eine Menge an gegebenen Voraussetzungen mehrere mögliche Schlussfolgerungen
zu, und verschiedene Schlussfolgerungen legen vielleicht unterschiedliche Grade an Intelligenz nahe, obwohl dies nicht
gerechtfertigt wäre.

Schauen wir uns einmal einen einfachen Test zum logischen Denken an, wie er in zahlreichen Denksportheften
und Prüfungen vorkommen könnte (wobei ich hoffe, dass
in keiner Prüfung irgendwann genau diese Aufgabe gestellt
wird).

Fügen Sie in der folgenden Reihe die nächsten zwei Zahlen ein:

2 4 6 _ _

Nehmen wir an, drei Personen geben folgende Antworten:

2 4 6 8 10

2 4 6 10 16

2 4 6 22 116

Vermutlich würde man das Ergebnis der ersten Person, die erkannt hat, dass die Zahlen jeweils um 2 größer werden, als korrekt bewerten, während man die Ergebnisse der beiden anderen so gut wie sicher als falsch bewerten und davon ausgehen würde, dass sie eine schwächere Fähigkeit zum logischen Denken und vermutlich auch weniger Intelligenz zeigen.

Die zweite Person hat jedoch nur die vorgegebene Reihe als Dreiergruppen interpretiert, bei denen die Summe der ersten beiden Zahlen die dritte ergibt:

Bei 2 4 6 ist 2 + 4 = 6, daher 4 + 6 = 10 und 6 + 10 = 16

Die dritte Person hat die Reihe als Paare interpretiert, bei denen zwei aufeinanderfolgende Zahlen multipliziert werden und anschließend die Differenz zwischen ihnen von dem Multiplikationsergebnis abgezogen wird, woraus sich die nächste Zahl ergibt:

Bei 2 4 6 ist 2 × 4 = 8; 4 – 2 = 2; 8 – 2 = 6

Die nächste Zahl der Reihe ergäbe sich aus: 4 × 6 = 24; 6 – 4 = 2; 24 – 2 = 22

Die letzte Zahl ist dann: 6 × 22 = 132; 22 – 6 = 16; 132 – 16 = 116

Die Denkvorgänge, die den drei Ergebnissen zugrunde liegen, sind jedes Mal mathematisch korrekt und logisch schlüssig (und falls man sich an einem verregneten Sonntagnachmittag die Zeit vertreiben möchte, lassen sich noch mehr mögliche Lösungen finden). Dabei haben die beiden letzten Personen nicht nur ihre Fähigkeit zum logischen Denken unter Beweis gestellt, sondern darüber hinaus eine Originalität offenbart, die die erste vermissen ließ. Wäre dies nicht als Zeichen einer höheren Intelligenz statt einer geringeren zu bewerten? Häufig bewundern wir doch Menschen, denen es gelingt, neue Lösungen für altbekannte Probleme zu finden.

Während Geistesblitze wirken, als stünden sie in keiner Beziehung zu den intellektuellen Fähigkeiten des Denkenden, lässt sich logisches Denken Schritt für Schritt nachverfolgen (falls wir uns die Mühe machen, nach den Schritten zu fragen) und ist möglicherweise beeindruckender, weil es sich erläutern lässt. Doch besteht Intelligenz in der Fähigkeit, eine Lösung zu finden, oder in der Fähigkeit zu erklären, wie man zu der Lösung eines Problems gelangt ist? Wenn das Bewusstsein ein Problem durch logisches Denken löst und das Unterbewusstsein durch einen Geistesblitz, verdient wohl keines von beiden das Etikett „Intelligenz" eher als das andere.

## Originalität und Intelligenz

Wie gesagt, bewundern wir oft Leute, die neuartige Lösungen für altbekannte Probleme finden. Für uns ist die Fähigkeit, eine Idee zu entwickeln, die zuvor noch niemand hatte, ein Zeichen für Intelligenz – doch diese Idee muss zwei Kriterien erfüllen: Sie muss realisierbar und sozial vertretbar sein.

Schlägt jemand vor, alle Anwälte der Erde auf den Mars zu schicken, um seine Oberfläche aufzuteilen und Übertragungsurkunden für die spätere Kolonisierung aufzusetzen, so würde man ihm keine sonderliche Intelligenz zuschreiben, weil sich die Idee, wie neuartig (oder sozial vertretbar) sie auch sein mag, nicht in die Tat umsetzen lässt. Entsprechend hatte Adolf Hitler originelle Ideen, die, wie er unter Beweis stellte, auch realisierbar waren, aber sie waren sozial verwerflich und abscheulich, und er hat sich nicht aufgrund seiner Intelligenz einen Namen gemacht.

Die Fähigkeit, eine neuartige, realisierbare und sozial vertretbare Idee zu entwickeln, wird jedoch lediglich als Zeichen für Intelligenz gewertet. Sie ist nicht Intelligenz an sich.

## Fantasie und Intelligenz

Mit Originalität eng verbunden ist die Fantasie. Fantasie ist für uns von hohem Wert (obwohl wir zugegebenermaßen keinerlei Zugang zu den Fantasiegebilden anderer Spezies haben – sofern es sie gibt). Die Fantasie ist ein mächtiges Werkzeug. Mit ihr können wir im Geist ein Versuchsgelände errichten und in einer sicheren Umgebung eine Vielzahl von Ereignissen planen. Wir können unsere Fantasie als Simulator des wirklichen Lebens nutzen, in dem das Schlimmste geschehen kann, ohne dass jemand Schaden nimmt. Auf diese Weise können wir uns auf eine unbekannte Zukunft vorbereiten und in der Realität gut fundierte Entscheidungen treffen, wenn wir zum ersten Mal in eine bestimmte Situation geraten. Demzufolge lässt unsere Fantasie unser Verhalten in gewisser Weise intelligent erscheinen, doch wiederum handelt es sich bei ihr nicht um Intelligenz an sich.

## Technologie und Intelligenz

Gelegentlich brauchen wir unsere Fantasie für mehr als nur das Betrachten möglicher Szenarien. Manchmal stellen wir uns das Unmögliche vor. Wir stellen uns vor, unter Wasser atmen oder auf dem Mond umhergehen zu können. Dann verwenden wir diese Vorstellungen als Sprungbrett in die Welt des Handelns und verwirklichen sie durch die Nutzung von Technologie.

Vielleicht offenbart sich unsere Intelligenz ja am deutlichsten in dieser Beherrschung der Technologie, aber wir sind nicht die einzige Spezies, die Werkzeuge verwendet. Einige Schimpansen benutzen Grashalme, um Termiten aus einem Termitenhügel herauszuholen. Andere Schimpansen verwenden zwei Steine als Hammer und Amboss, um harte Nüsse zu knacken. Singdrosseln legen Schnecken auf einen Stein und benutzen ihn als Amboss (die sogenannte Drosselschmiede), um das Schneckengehäuse darauf mit dem Schnabel zu zertrümmern. Einige Vögel nehmen kleine Zweige, um Insekten aus Löchern in der Baumrinde hervorzuklauben.

In zweierlei Hinsicht unterscheidet sich unsere Technologie jedoch von der anderer Spezies. Diese verwenden natürliche Objekte (die sie sorgfältig auswählen, aber nicht verändern), während wir unsere Werkzeuge modifizieren oder kreieren. Außerdem benutzen sie die Werkzeuge nur für lebensnotwendige Tätigkeiten (meistens zur Nahrungsbeschaffung), während wir unsere Beherrschung der Technik so genießen, dass wir sie sowohl für notwendige als auch für nicht notwendige Aktivitäten nutzen (wie Bügeln oder das Herstellen von Gartenzwergen).

Wir sind dazu in der Lage, weil die Technologie den meisten von uns so viele lebenswichtige, aber lästige Pflichten abgenommen hat, dass wir nun sehr viel Zeit mit weniger notwendigen Dingen verbringen können – so haben wir in unserem Zuhause Zugang zu Trinkwasser und bekommen Nahrung und Kleidung aus Geschäften in unserer Heimatstadt. Newton und Einstein waren der Mühsal des Jagens und Sammelns enthoben und mussten sich keinen Unterschlupf im Freien bauen; darum konnte sich ihr Verstand mit weniger essenziellen Dingen, wie der Natur der Schwerkraft oder dem Reisen mit Lichtgeschwindigkeit, beschäftigen. Als unsere Spezies die unschlagbare Kombination aus Wissen, Neugier und Fantasie dank der Technologie ungehindert nutzen konnte, begannen wir sämtliche Aspekte des Universums zu erforschen, um allem auf den Grund zu gehen.

Wir sind die einzige Spezies, die Technik anwendet, um ihre Träume zu verwirklichen; was dies jedoch letztlich zu einem typischen Merkmal des Menschen macht, ist nicht der Besitz der notwendigen Technologie, sondern der dafür erforderliche Mut. Die unerschütterliche Gewissheit, dass wir das Unmögliche denken und es realisieren können, ist unsere größte Stärke und möglicherweise unsere größte Bedrohung.

Dennoch demonstriert unsere Technologie unsere Intelligenz nur – sie ist nicht etwa mit ihr gleichzusetzen.

## Gene und Intelligenz

Wird Intelligenz durch unsere Gene bestimmt? Vor 200 Jahren wurde die Arbeiterklasse Großbritanniens als dumm und bildungsunfähig angesehen (freilich von denjenigen, die nicht der Arbeiterklasse angehörten und gebildet waren). Zu jener Zeit hatte Schottland vier Universitäten, England zwei und Wales keine. Heute gibt es in diesen drei Landesteilen etwa

100 Universitäten und eine Vielzahl von Colleges mit Hochschulcharakter und -abschlüssen. Heute gehen wir davon aus (oder zumindest tue ich das), dass so gut wie alle Menschen eine erfolgreiche Hochschulausbildung durchlaufen können, solange sie daran interessiert sind und die Gelegenheit dazu haben. Dabei stammen die meisten heutigen Hochschulabgänger von Mitgliedern der Arbeiterklasse vor 200 Jahren ab und besitzen somit die gleichen Gene wie Menschen, die man damals für bildungsunfähig hielt.

Zweifellos besitzen alle Menschen unterschiedliche Gehirne. Variation ist das Rohmaterial für die natürliche Selektion. Es hat den Anschein, als seien verschiedene Gehirne unterschiedlich verdrahtet. Manche Leute finden es sehr einfach, Sprachen zu lernen, anderen fällt Mathematik oder technisches Zeichnen leicht. Wir sind alle verschieden. Wenn wir etwas entdecken, das wir gut können und das uns interessiert, können wir einen sehr intelligenten Eindruck machen. Finden wir nichts, was wir gut beherrschen oder was unser Interesse weckt, wirken wir unter Umständen geistig unterbelichtet.

Vor vielen Jahren arbeitete ich bei der Eisenbahn mit einem Bahnarbeiter namens Bob zusammen. In der Pause während einer Nachtschicht im kalten Winter unterhielten wir uns einmal über unsere Schulzeit. Bob bekannte, er habe Mathematik an der Schule gehasst. Im Rechnen war er eine hoffnungslose Niete gewesen und durch alle Prüfungen gerasselt. Nach diesem Geständnis vertiefte er sich in die Berichte über Pferderennen in seiner Sportzeitung und berechnete – im Kopf – die Gewinnquoten und -chancen einer Kombinationswette mit drei Rennen, was einem gestandenen Supercomputer beträchtliches Kopfzerbrechen bereitet hätte. Bob hasste Mathe, aber das hier war nicht Mathe, sondern es ging um Wetten, und Bob liebte Wetten. Höchstwahrscheinlich hatte Bobs früherer Mathematiklehrer ihn nicht als Kopfrechengenie betrachtet, aber höchstwahrscheinlich hatten Pferdewetten im Lehrplan für Mathematik auch keine große Rolle gespielt. Manchmal sind Menschen halt nur so klug, wie sie sein wollen.

## Was also ist „Intelligenz"?

Weder ich noch irgendjemand sonst hat eine eindeutige Antwort darauf, aber ich kann Ihnen sagen, was ich vermute. Intelligenz hat nichts mit unserem Verhalten zu tun. Es ist nichts, das sich äußerlich zeigt. Intelligenz (falls es sie überhaupt gibt) ist etwas in uns. Sie ist nicht einmal eine Art zu denken – sie ist die Tatsache, dass wir denken können. Während ich dies schreibe, bemühe ich mich darum, meine Gedanken zu ordnen. Ich reagiere nicht auf die Welt um mich herum. Ich schaue nach innen und kämpfe mit abstrakten Vorstellungen. Wir alle tun dies und vielleicht ist diese Fähigkeit das, was wir für Intelligenz halten. Intelligenz ist eine Fähigkeit, die wir alle besitzen. Sie lässt sich nicht messen und Individuen lassen sich in dieser Hinsicht nicht vergleichen. Wie sie sich nach außen manifestiert, kann von Person zu Person verschieden sein, aber dieser Unterschied betrifft die Anwendung der Intelligenz und nicht ihre Natur.

Oben habe ich behauptet, dass die meisten von uns Intelligenz intuitiv mit Stärke gleichsetzen. Nachdem wir uns nun so gründlich damit auseinandergesetzt haben, sagen wir vielleicht besser, dass der Begriff der Intelligenz eher dem Begriff der Gemeinschaft ähnelt.

Gemeinschaft ist ist ein Merkmal, das sich in menschlichen Populationen mit steigender Komplexität entwickelt. Sie existiert nicht unabhängig von Populationen und wird nicht bewusst von Menschen erzeugt. Eine Gemeinschaft entsteht automatisch, wenn sich mehr als zwei oder drei Menschen versammeln und interagieren, und eine Gemeinschaft von 20 Individuen sieht anders aus und verhält sich anders als eine Gemeinschaft von 20 000 Individuen. Je größer eine Population wird, desto komplexer wird ihre Gemeinschaft. Wir können zwar die Eigenschaften verschiedener Gemeinschaften vergleichen, aber nicht die jeweiligen Grade von Gemeinschaft. Es gibt, anders gesagt, keinen Maßstab für „Gemeinschaftheit".

Mit „Intelligenz" ist es möglicherweise ähnlich. Wir empfinden sie als eine Funktion der Komplexität unseres Gehirns. Wir alle verfügen darüber und können vergleichen, was verschiedene Menschen mit ihr tun, aber nicht, was sie ist. Keine Person besitzt mehr Intelligenz als eine andere, genau wie keine Population mehr Gemeinschaft als eine andere besitzt.

Wir reden über Intelligenz, als sei sie vererbt und eine feste Größe, als gebe es Menschen mit hoher Intelligenz und Menschen, die dumm sind. Ist Intelligenz nichts weiter als die Fähigkeit zu denken – wozu die meisten Tiere offensichtlich in der Lage sind –, dann ist sie angeboren, aber dann kann man nicht mehr oder weniger davon besitzen. Im Folgenden werde ich das, was wir als hohe Intelligenz betrachten, als „Klugheit" bezeichnen, um sie von dieser Definition der Intelligenz abzugrenzen.

Es gibt zweifellos kluge Leute, aber Klugheit ist davon abhängig, dass wir über eine gewisse Fertigkeit und zumindest etwas Wissen verfügen; darüber hinaus lässt sich Klugheit durch Übung steigern. Selbst Einstein hat die Universität besucht, um sich Wissen anzueignen und sich in seiner Anwendung zu üben, doch niemand wird Wissen oder praktische Fähigkeiten erlangen, wenn er nicht motiviert ist. Bevor wir Menschen als dumm abtun, sollten wir fragen, wie motiviert sie sind. Finden wir etwas, worin wir gut sind und was uns interessiert, so kann das Ergebnis Klugheit sein. Wir haben alle das Zeug dazu, in irgendeinem Bereich klug zu sein. Und wir können klug sein, weil diese Möglichkeit auf unserer Intelligenz beruht – der Fähigkeit zu denken.

Die meisten Tiere und anscheinend alle Wirbeltiere verfügen über Intelligenz. Pflanzen und Pilze besitzen offenkundig keine Intelligenz, weil sie kein Gehirn haben – aber möglicherweise sind Gehirne auch keine notwendige Voraussetzung.

## Künstliche Intelligenz

Intelligenz entwickelte sich, als die Gehirne komplexer wurden. Das menschliche Gehirn ist sehr komplex, und vermutlich aus diesem Grund scheint auch die menschliche Intelligenz sehr komplex zu sein. Wir denken nicht nur, wir sind uns auch unserer selbst bewusst und stellen so abstrakte und verrückte Fragen wie „Existieren wir wirklich?"

Entspringen solche Fragen lediglich der Komplexität unseres Gehirns, so sollte nichts dagegen sprechen, dass ein ausreichend komplexer Computer dies auch könnte – falls er eine bestimmte Komplexitätsschwelle überschreitet. Immerhin sind wir alle nichts weiter als biologische Maschinen. Es gibt eigentlich keinen Unterschied zwischen einem Gehirn aus Zellen mit elektrischen Nervenbahnen und einem Computer aus Metall und Kristallen mit elektrischen Schaltkreisen.

Um noch eins draufzusetzen, wird die Grenze zwischen Gehirn und Computer vielleicht bald verwischen. Mit dem Einzug der biotechnologischen Revolution züchten wir möglicherweise bald biologische Computer für unsere Büros, statt Kisten aus Plastik und Metall zu bauen und andere höchst ineffiziente Produktionsverfahren anzuwenden. Dies sollte uns als Warnung dienen, dass der sich selbst bewusste Computer vor der Tür steht. Wie üblich wurde diese Möglichkeit bereits in Science-Fiction-Geschichten ausgelotet, aber in der wirklichen Welt müssen wir uns wohl tatsächlich irgendwann fragen: „Dürfen wir selbst-bewusste Computer konstruieren und sind wir bereit, die Verantwortung für die Folgen zu tragen?" (Da wir jedoch nicht wissen, wo die Komplexitätsschwelle für das Selbstbewusstsein liegt, werden solche Dinger vermutlich längst existieren, bevor wir diese Frage stellen.)

# 15

## Die zukünftige Entwicklung
## des menschlichen Körpers

Die natürliche Selektion schläft nie. Darum gelangt auch die Evolution als ihr Ergebnis nie an einen Endpunkt. Unser Körper und seine Funktionen werden sich vermutlich weiter verändern – aber in welche Richtung? In den Science-Fiction-Geschichten der Fünfzigerjahre stellte man die Menschen der Zukunft häufig mit Körpern dar, in denen sich frühere Entwicklungen fortsetzten. Da unser Gehirn im Verlauf der letzten Millionen Jahre an Volumen gewonnen hat, stellte man sich die Köpfe der Zukunft noch voluminöser vor. Da wir an Körpergröße zugelegt haben, wurden die zukünftigen Menschen als noch größer beschrieben.

Leider ist das Vorhersagen der Zukunft nicht ganz so einfach. Die Evolution besitzt keinen inneren Motor, der sie immer weiter auf demselben Weg vorantreibt. Für die Evolution ist das Morgen nie die automatische Fortsetzung des Heute. Wollen wir verstehen, wie sich unser Körper in Zukunft verändert, müssen wir versuchen vorherzusehen,

So werden wir in Zukunft nicht aussehen

wie sich die natürliche Selektion in der Welt von morgen verhalten wird.

Dabei ist es vielleicht hilfreich, darüber nachzudenken, inwiefern unsere Urahnen in der Welt von gestern der natürlichen Selektion unterworfen waren, und sich dann zu fragen, ob sich diese Arten der Selektion auch heute noch signifikant auswirken.

## Natürlicher Schwund

Es ist nicht ungewöhnlich, dass ein Tier von Fressfeinden getötet wird. Auch unsere frühen afrikanischen Vorfahren fielen zweifellos solchen Fleischfressern zum Opfer, so wie es in einigen Teilen der Erde auch heute noch vorkommt. Vor Hunderttausenden von Jahren hingen solche Todesfälle möglicherweise mit bestimmten körperlichen Merkmalen der Beutetiere zusammen (wie beispielsweise Beinlänge), weswegen sich die Eliminierung einiger Individuen auf die körperliche Evolution der Überlebenden ausgewirkt haben kann. Dies war möglich, weil die gesamte Weltpopulation der Hominiden oder ihrer Vorfahren klein war.

Heute jedoch, wo die Weltbevölkerung etwa 6 Milliarden Menschen umfasst und viele Raubtiere kurz vor ihrer Ausrottung stehen, wirkt es sich bestimmt nicht signifikant aus, dass Menschen von Raubtieren getötet werden. Das Gleiche gilt für den Tod durch giftige Tierbisse und -stiche oder den Verzehr giftiger Pflanzen. Solche Unglücksfälle lassen sich leicht ausgleichen. Sie sind einfach zu selten, und es ist nicht davon auszugehen, dass die Opfer von heute alle ein gemeinsames körperliches Merkmal aufweisen, welches dann ausgelöscht würde. Diejenigen von uns, die solche Ereignisse überleben, sind nicht mehr die am besten angepassten Menschen, sondern nur die größten Glückspilze.

## Soziale Unterstützung

Man könnte erwarten, dass unsere soziale Organisation der zukünftigen Evolution unserer Körper entgegenwirkt und es für die natürliche Selektion schwieriger wäre, Individuen aus einer Population zu entfernen, solange diese durch ihre Gemeinschaft geschützt werden. Ein ähnliches soziales Verhalten wie wir weisen jedoch auch unsere engsten lebenden Verwandten, die Schimpansen und Gorillas, auf, und auch unser gemeinsamer Urahn scheint bereits ein soziales Tier gewesen zu sein. Das bedeutet, dass sich Menschenkörper, Schimpansenkörper und Gorillakörper erst ausprägten, nachdem wir alle zu sozialen Tieren geworden waren. Das Entstehen komplexer persönlicher Beziehungen sowie die damit verbundene gegenseitige Unterstützung und gestiegene Lebenserwartung konnten die Veränderungen unserer körperlichen Erscheinung nicht aufhalten, während unsere drei Gruppen ihre jeweilige spezielle Lebensweise entwickelten.

## Partnerwahl

Die kontinuierliche Weiterentwicklung unseres Körpers, nachdem wir zu sozialen Tieren geworden waren, war möglicherweise auch der Partnerwahl zuzuschreiben. Diese wird von zahlreichen Tierarten praktiziert. Nur wenige Spezies paaren sich mit dem erstbesten Vertreter des anderen Geschlechts, dem sie während der Fortpflanzungszeit begegnen. Bei einigen Spezies paaren sich die Weibchen nur mit dem dominanten Männchen einer Gruppe. Demnach stammen alle Jungen der Gruppe von dem dominanten Männchen ab und die nachfolgende Generation ähnelt ihm.

Bei solchen Spezies kämpfen die Männchen gegeneinander, um ihre Dominanz zu behaupten (Hirsche mit dem Geweih, Löwen mit Zähnen und Pranken). Es gibt keinen Grund anzunehmen, dass auch unsere Primatenvorfahren so gelebt haben, aber es existieren noch andere Formen der Partnerwahl. Bei einigen Spezies haben die Weibchen ein größeres Mitspracherecht, und die Männchen wetteifern zuweilen auf komplizierte Weise miteinander, um begehrte Weibchen für sich zu gewinnen. Dies ist bei Vögeln verbreitet, aber auch bei Säugetieren kommt es häufig vor, dass das Weibchen ein Männchen auswählt.

In den heutigen menschlichen Gesellschaften, die sich am europäischen Modell orientieren, fragt traditionellerweise der

Mann eine Frau, ob sie ihn heiraten will. Das hat zwar den Anschein, als wähle der Mann die Frau aus, aber im Grunde entscheidet er nur, wen er fragt, und die Frau entscheidet, was sie antwortet. Hätten Frauen in der jüngeren Vergangenheit durchgängig Männer mit einem bestimmten Merkmal ausgewählt, so hätte sich dieses Merkmal wahrscheinlich in der nachfolgenden Generation verbreitet. Vielleicht ist es den Gesetzen der Partnerwahl zuzuschreiben, dass sich bei den Europäern, der hellhäutigsten Rasse, so viele unterschiedliche Haarfarben entwickelt haben.

Doch unabhängig davon, ob Partnerwahl in unserer jüngeren Evolution eine Rolle gespielt hat oder nicht, ist es kaum vorstellbar, dass sie unsere zukünftige Evolution beeinflussen wird. Dafür ist zum einen die Population zu riesig, und zum anderen sind die Merkmale – insbesondere die körperlichen –, auf die bei der Partnerwahl Wert gelegt wird, weltweit zu uneinheitlich.

## Rassen

Nicht nur nach der Entwicklung sozialen Verhaltens veränderte sich die Gestalt unseres Körpers kontinuierlich, sondern auch noch, nachdem einige unserer Vorfahren Afrika verließen und die ganze Welt besiedelten. Daraus resultierten die heute erkennbaren Rassengruppen, die sich aufgrund der geografischen Isolation verschiedener Populationen in unterschiedlichen Umgebungen entwickelten. Wäre es möglich, dass die Unterschiede zwischen diesen Rassen in Zukunft noch prägnanter werden?

Dagegen spricht vor allem, dass wir in jüngerer Zeit Technologien wie Kleidung, feste Behausungen und Landwirtschaft erfunden haben. Diese sorgen dafür, dass wir den Einflüssen der Naturelemente, denen wir unsere Rassenmerkmale verdanken, in viel geringerem Maße ausgesetzt sind als früher. Mit der Zunahme von internationaler Kommunikation, Handel und dem relativ ungehinderten Austausch von Ideen und Informationen gleichen sich die Lebensbedingungen der Menschen überall auf der Erde immer mehr einander an. Einige von uns mögen wohlhabender sein als andere, aber das ist für die Evolution unserer Körper nicht signifikant.

Darüber hinaus werden in begrenzten Bereichen der Erde die Rassenunterschiede offenkundig immer stärker verwischt, weil es dort häufig Kinder aus Mischehen gibt. Das trifft insbesondere auf die USA und einige Teile Südamerikas zu, doch angesichts einer Weltpopulation von 6 Milliarden Menschen (die weiter zunimmt) ist die Zahl der Kinder, deren Eltern verschiedenen Rassengruppen angehören, verschwindend gering.

Wahrscheinlich werden sich die Unterschiede zwischen den menschlichen Rassen nicht mehr weiter verschärfen, doch ebenso wenig ist anzunehmen, dass sie in der näheren Zukunft ganz verschwinden.

## Kultur

Mit den körperlichen Veränderungen entwickelten sich auch kulturelle Unterschiede. In einigen Gruppen machte die Technik schnell große Fortschritte; in anderen wurde die soziale Organisation immer komplexer. Menschen, die in Lehmhütten oder Zelten gelebt haben oder immer noch leben, als „primitiv" zu bezeichnen, ist schlichtweg falsch.

Es mangelt ihnen unbestreitbar an Hightech-Geräten, aber weniger offensichtlich ist, dass ihre traditionellen sozialen Systeme viel reichhaltiger und vielschichtiger sein können als die verarmten und oberflächlichen Familienbande etwa im technisierten Nordeuropa. Die Gesellschaften Nordeuropas haben die Pflege weitverzweigter Verwandtschaftsbeziehungen zugunsten der Kernfamilie aufgegeben. Oder können Durchschnittseuropäer die Namen ihrer acht Urgroßeltern oder ihrer Vettern und Cousinen zweiten Grades nennen?

Diese unterschiedlichen Schwerpunkte haben in verschiedenen Regionen der Erde unterschiedliche menschliche Gesellschaften erzeugt. Ist es denkbar, dass diese Kulturen auf Dauer getrennt bleiben und sich schließlich zu separaten Menschenarten mit deutlich unterschiedlichen Körpern entwickeln?

Historisch gesehen haben Menschen ausgesprochen rasch separate Gruppen gebildet. Die Entstehung von Rassen, kulturellen Unterschieden und der Vielzahl von Sprachen verdeutlichen dies. Selbst innerhalb von Sprachgruppen reden Menschen, die nur einige Kilometer voneinander entfernt wohnen, sehr unterschiedlich und mit jeweils deutlichem Dialekt, und das gilt auch für Wohlstandskulturen mit ausreichend Transportmöglichkeiten und hoher Mobilität. Dennoch haben Sprachen und die Tendenz, mit Partnern aus der gleichen Sprachgruppe Kinder zu haben, zu keiner Zeit dazu geführt, *Homo sapiens* in zwei oder mehr Spezies mit entsprechenden körperlichen Unterschieden aufzuspalten. Die Entwicklung menschlicher Rassen im Laufe der vergangenen 60 000 Jahre betraf rein oberflächliche Merkmale, und die Sprachgruppen außerhalb Afrikas sind wohl noch viel später entstanden. Die Menschen gehören einfach noch nicht lange genug verschiedenen Gruppen an, um mehrere Spezies gebildet zu haben.

Heute entwickelt sich die Welt immer mehr zu einer globalen Kultur und es ist zu erwarten, dass kulturelle Einflüsse auf die Evolution unseres Körpers eher an Bedeutung verlieren.

## Krankheit

Viel interessanter ist die Frage, ob sich das Erscheinungsbild von Individuen über die gesamte menschliche Spezies hinweg aufgrund von Krankheiten verändert. Eine natürliche Selektion durch Krankheiten stellte für unsere Vorfahren vermutlich eine ernstzunehmende Gefahr dar, und zweifellos zählen auch heute Krankheiten weltweit zu den häufigsten Todesursachen. Dass man dennoch nur sehr schwer vorhersagen kann, inwiefern krankheitsbedingte Todesfälle das Erscheinungsbild unserer Spezies verändern könnten, liegt daran, dass Menschen an allen möglichen Gebrechen sterben können, aber anscheinend nur sehr wenige mit irgendwelchen anatomischen Gegebenheiten unseres Körpers zusammenhängen. Ob man beispielsweise an Malaria erkrankt, hängt nicht von der Schuhgröße ab oder von einem fliehenden Kinn.

Mit fortschreitender globaler Erwärmung und der Zunahme des internationalen Flugverkehrs ist zu erwarten, dass sich Krankheiten und Insekten, die Krankheitserreger übertragen, immer stärker auch in Gebieten ausbreiten, die vorher nicht befallen waren; dies wiederum kann für Kulturen und Kontinente ohne natürliche Resistenzen böse Folgen haben. Würde das die Fortpflanzungsrate ganzer Generationen signifikant vermindern, so könnte dadurch in einigen Bereichen auch die physische Evolution des Menschen beeinflusst werden. Dass es zu spürbaren Auswirkungen käme, ist jedoch unwahrscheinlich.

Würde eine natürliche Selektion durch Krankheiten evolutionäre Prozesse bewirken, so wären dies vermutlich innere Veränderungen unseres Immunsystems oder der Biochemie unseres Körpers. Selbst dann wäre aber eine weltweite Epidemie mit unzähligen Todesopfern erforderlich, um die Überlebenden aus über 6 Milliarden Menschen umzugestalten, und das ist höchst unwahrscheinlich. Zumindest hoffen wir alle, dass es unwahrscheinlich ist.

Überdies würden wir unsere medizinischen Abwehrwaffen ins Feld führen, die die befallenen Personen hoffentlich retten könnten. Gehen wir jedoch von den derzeitigen Zuständen aus – wie bei der aktuellen AIDS-Epidemie –, stünden weltweit bestenfalls hier und da wirksame Medikamente zur Verfügung und schlimmstenfalls überhaupt keine. Derzeit ist AIDS die vierthäufigste Todesursache nach Herzkrankheiten, Schlaganfällen und Atemwegserkrankungen (die allesamt vor allem ältere Menschen betreffen). Ende 2005 waren insgesamt über 25 Millionen Menschen an AIDS gestorben und etwa 40 Millionen trugen das Virus in sich, die meisten davon in Afrika südlich der Sahara. Die Zahl der weltweiten Infektionen steigt weiter an und es bleibt abzuwarten, wann das Ende der Epidemie erreicht ist. Doch obwohl sie bereits weitreichende Verhaltensänderungen bewirkt hat, wird jedoch auch hier vermutlich nicht die Grenze überschritten, ab der sich die äußere Erscheinung unserer Spezies ändern würde.

## Krieg

Genau wie Krankheiten können auch Kriege Millionen Menschen töten. Eine ihrer grässlichen Erscheinungsformen, die man heutzutage als „ethnische Säuberung" bezeichnet, kann

die gezielte Massenvernichtung bestimmter Bevölkerungs-
gruppen sein. Doch auch wenn dies verheerende Auswirkungen auf die betroffenen Gruppen und theoretisch deren
Gene hat, ist es bei einer Weltbevölkerung von 6 Milliarden
unwahrscheinlich, dass solche Kriege die körperliche Gestalt
der gesamten Spezies verändern könnten.

## Neue Erfindungen

Unsere heutige Umwelt ist nicht mehr diejenige, in der sich
unser Körper einst entwickelt hat. Die Atmosphäre ist den
Einflüssen von chemischen Emissionen ausgesetzt. Wir verändern die chemische Zusammensetzung unserer Nahrung
immer stärker durch Rückstände von Pestiziden, Konser-
vierungsstoffe und künstliche Aromen. Alle menschlichen
Körper werden 24 Stunden am Tag mit elektromagnetischer
Strahlung bombardiert (das heißt, mit Rundfunk- und Ra-
darsignalen sowie ähnlichen Emissionen, die von einem Sen-
der *abstrahlen*, also nicht mit radioaktiver Strahlung im Sinne
von Uran – keine Panik). Unser Körper wird überschüttet
mit Funk- und Fernsehübertragungen in einem weiten Fre-
quenzbereich, die uns von Satelliten oder Sendern in unserer
Nähe erreichen, von Mobiltelefonen und anderen Kommuni-
kationsmedien sowie mit elektrischen Feldern, die von den
unzähligen uns umgebenden Stromgeräten ausgehen – vom
elektrischen Licht über Staubsauger und Küchengeräte bis
hin zu Computern.

Wir sind uns dieses Bombardements gar nicht bewusst,
weil wir nie Sinnesorgane zu seiner Wahrnehmung besessen haben, denn bis zum 20. Jahrhundert war es gar nicht
vorhanden. Werden wir nun entsprechende Sinnesorgane

entwickeln? Nur, wenn die Strahlung unsere Fortpflanzungsfähigkeit beeinflussen würde, und dazu müsste sie schon
früh im Leben unsere Gesundheit oder unmittelbar unsere
Fortpflanzungsorgane angreifen. Für beides gibt es derzeit
keine Beweise, aber es wäre töricht, diese neuen Umwelt-
faktoren und ihre Auswirkungen nicht weiterhin kritisch im
Auge zu behalten.

Die Elektrizität hat unser Leben bereits auf eine Weise
verändert, auf die unsere Evolution nie vorbereitet war. Indem wir helles künstliches Licht nutzen, das billig und leicht
verfügbar ist, können wir die Länge eines Tages nun unabhängig von der Jahreszeit ausdehnen – aber das hat seinen
Preis. Unser Körper reagiert von Natur aus auf Helligkeitsun-
terschiede. Während der Wintermonate in den gemäßigten
Breiten, wenn die Tage erheblich kürzer werden, würde ein
Mensch ohne Zugang zu künstlichem Licht häufig bis zu 16
Stunden am Stück schlafen. Mit künstlichem Licht lässt sich
diese Zeit mehr als halbieren. Die Nutzung von elektrischem
Licht zur künstlichen Verlängerung des Tages kann zu einer
Störung der normalen Rhythmen der Hormonproduktion
führen. Hormone sind die chemischen Boten des Körpers, die
Änderungen unseres allgemeinen physiologischen Zustands
herbeiführen oder bestimmte Organe beeinflussen, und die
steigende oder sinkende Produktion einiger Hormone verläuft nach einem täglichen Rhythmus. Selbst wenn diese Störung keine direkte Folge der Lichtzufuhr ist, kann sie doch
auftreten, wenn wir unsere Aktivitäten über das normale Maß
hinaus fortführen und die innere Uhr unseres Körpers igno-
rieren. Diese Uhr wird auch durch Langstreckenflüge gestört,
die unseren gewohnten Tag-Nacht-Zyklus unterbrechen.

Diese Störungen beeinträchtigen uns, weil sich die Evolution unseres Körpers, einschließlich unseres Stoffwechsels,

in einem stabilen Kreislauf von Tag und Nacht, Licht und Dunkelheit vollzogen hat. Ob sich unsere Fähigkeit, in die natürlichen Rhythmen des Körpers einzugreifen, auf unsere Evolution auswirken wird, hängt davon ab, ob ausreichend viele Menschen davon betroffen sind und ob die Störung unser Fortpflanzungsvermögen beeinträchtigt. Aber selbst wenn Milliarden Menschen betroffen wären und ihre Fortpflanzungsfähigkeit darunter leiden würde – was beides absolut unwahrscheinlich ist –, besäßen die Leute, die ständig bis in die Nacht Überstunden im Büro machten oder mit dem Flieger verreisten, wohl kein gemeinsames vererbtes Merkmal, an dem sich die Veränderung manifestieren könnte. Demnach ist in dieser Hinsicht keine Auswirkung auf die zukünftige Evolution der menschlichen Anatomie zu erwarten. Es ist ja nicht so, dass nur Menschen, deren Augen sehr eng zusammenstehen, ständig Überstunden machen oder nur Personen ohne Ohrläppchen internationale Flüge buchen.

## Gentechnisch veränderte Organismen

Unsere Spezies hat vor kurzem die Fähigkeit entwickelt, die genetische Zusammensetzung anderer Spezies direkt zu ändern und gentechnisch veränderte Organismen (GVOs) zu erzeugen. Manche Leute sind der Meinung, dies sei das Gleiche, wie die Merkmale anderer Spezies durch selektive Züchtungen zu modifizieren, was wir bereits seit Tausenden von Jahren tun, aber das ist Unsinn. Mit selektiven Züchtungen lässt sich beeinflussen, welche Kuhgene unsere Kühe tragen oder welche Hundemerkmale unsere vierbeinigen Freunde aufweisen sollen. Bei der genetischen Modifikation übertragen wir jedoch Gene von einer Spezies zur anderen. Wenn wir ein Gen von einem Fisch isolieren, das einen natürlichen Frostschutz in seinem Blut erzeugt, und es in eine Tomate einsetzen, damit diese beim Transport im Kühlwagen keinen Gefrierschaden davonträgt, tun wir etwas, das mit selektiven Züchtungen nur sehr schwer zu erreichen wäre.

Auf der ganzen Welt wird heftig über das Für und Wider solcher Aktionen gestritten. Gene sind Verbände von Molekülen, die sich gemeinsam entwickelt haben. Sie agieren als Gesamtheit, und durch die Interaktion der von ihnen erzeugten Gewebe entsteht das Endprodukt. Es sind zahlreiche Untersuchungen unter äußerst strengen Sicherheitsbedingungen erforderlich, um sicherzustellen, dass ein eingepflanztes Gen nur ein einziges klar umrissenes Ergebnis hervorbringt, das den übrigen Wirtsorganismus oder spätere Generationen dieses Organismus nicht beeinträchtigt.

Viele Leute äußern ihre Sorge über die möglichen Auswirkungen von GVOs auf die Gesundheit des Menschen oder die Umwelt. Der Verzehr von modifizierter DNA aus GVOs oder daraus hergestellten Produkten schadet unserer Gesundheit wahrscheinlich nicht – Menschen haben schon immer die DNA anderer Spezies zu sich genommen. Jedes Mal, wenn wir eine Banane oder ein Hähnchen verspeisen, essen wir fremde DNA. Wir verdauen sie einfach. Unsere Evolution hat uns in die Lage versetzt, DNA zu verdauen, und künstlich hergestellte Genkombinationen erwartet vermutlich das gleiche Schicksal.

Trotzdem ist es möglicherweise etwas anderes, die modifizierten Erzeugnisse zu verspeisen. Die Modifikation der genetischen Zusammensetzung könnte theoretisch zu Modifizierungen der Zellen führen und chemische Verbindungen produzieren, die in den naturbelassenen Pflanzen so nicht vorkommen. Diese wiederum könnten langfristige Gesundheitsschäden oder allergische Reaktionen hervorrufen. Vermutlich testen Labore, die GVOs herstellen, ihre Produkte in klinischen Tests auf diese beiden möglichen Auswirkungen, bevor sie Freisetzungsversuche mit GVO-Nutzpflanzen starten.

Würde die von Menschen geschaffene DNA von gentechnisch modifiziertem Getreide auf wilde Pflanzenpopulationen überspringen, so ließen sich die Folgen für die Umwelt unmöglich vorhersagen. In der Vergangenheit hat es noch nie etwas Vergleichbares gegeben – bis heute hat im Labor modifizierte DNA niemals existiert. Demzufolge verfügt niemand über relevante Erfahrungen, die eine verlässliche Risikoeinschätzung erlauben würden.

In diesem Buch müssen wir uns die Frage stellen, ob das unkontrollierte Ausbreiten neuer Genkombinationen in der Umwelt allgemein den Verlauf der körperlichen Evolution des Menschen beeinflussen könnte. Dies lässt sich nicht abschätzen. Möglicherweise blieben sämtliche schädlichen Einflüsse auf die Umwelt beschränkt – wo sie so gut wie sicher unumkehrbar wären –, aber welche Folgen eine solche Veränderung der Umwelt für unsere Spezies hätte, lässt sich nicht vorhersagen. Auch hier verfügt bisher niemand über irgendwelche Erfahrungen, auf die sich eine Prognose stützen könnte.

## Gentechnisch veränderte Menschen

In unserer Zeit verfügen Ärzte über viele medizinische Verfahren, um Paaren zu einem Kind zu verhelfen. Fruchtbarkeitsexperten arbeiten mit Medikamenten zur Anregung des Eisprungs, In-vitro-Fertilisation (IVF) oder der Lagerung eingefrorener Embryos zur späteren Implantierung. Paare, die ihre Gene ohne diese Hilfe nicht an die nächste Generation hätten weitergeben können, haben nun die Chance, gesunde Babys zu bekommen.

Man kann den Standpunkt vertreten, dass medizinische Hilfe beim Fortpflanzungsprozess nichts Unnatürliches ist. Unsere Spezies ist ein Produkt der Natur – nichts, was wir tun, kann jemals unnatürlich sein. Selbst das Begraben der Landschaft unter wuchernden Stadtzentren aus Beton und Glas ist nicht unnatürlicher als das Verhalten anderer Spezies, die den Meeresboden unter einem wuchernden Korallenriff begraben, oder, wie Biber, die die Landschaft durch den Bau eines Damms überfluten. Einige Menschen halten medizinische Eingriffe in den Fortpflanzungsprozess zwar für nicht wünschenswert, aber Wünsche sind ein anderes Thema. Ärzte sind einzig und allein dafür da, die Funktionen des Körpers in Ordnung zu bringen, wenn er seine Arbeit aus eigener Kraft nicht mehr leisten kann. Wir bitten Ärzte selten darum, von einem Eingriff in den natürlichen Blutungsprozess oder den „Tod-durch-Grippe-Prozess" abzusehen.

Doch nun sehen wir uns mit einer ganz anderen Form von Intervention konfrontiert – der Gentechnik und der bewussten Selektion von Merkmalen für unsere Kinder. Wir haben schon immer Entscheidungen getroffen, die in gewissem Sinne das Aussehen unserer Kinder betreffen, aber dafür haben wir bisher das Verfahren der Partnerwahl genutzt („Glatze unerwünscht") oder gelegentlich die seit kurzem vorhandenen Möglichkeiten, unter den Eigenschaften von Samenspendern eine Wahl zu treffen. Nun aber zeichnet sich ab, dass wir die Merkmale unserer Kinder mit dem Einzug der sogenannten Designerbabys irgendwann direkt bestimmen können.

Man könnte zwar einwenden, dass es nicht unnatürlich ist, wenn wir das Erscheinungsbild der nächsten Generation bestimmen wollen („nichts, was wir tun, kann jemals unnatürlich sein"), aber dies birgt Gefahren für die Designerbabys. Wenn wir heute Merkmale auswählen, setzt das voraus, dass wir wissen, welche morgen wichtig sein werden. Vielleicht beseitigen wir versehentlich Merkmale, die sich später einmal als überlebenswichtig herausstellen.

Designerbabys hat man auch früher schon in Erwägung gezogen, aber ohne die Möglichkeiten der Gentechnik musste man sich auf selektive Züchtungen von Menschen beschränken. So erfuhr in den Dreißigerjahren des vergangenen Jahrhunderts die Eugenik oder Rassenhygiene in Europa großen Zuspruch, der in einer erbitterten Kampagne der Nazis gipfelte, die eine arische Superrasse mit blonden Haaren und blauen Augen erschaffen wollten.

Abgesehen von dieser wahrhaft entsetzlichen Ablehnung menschlicher Variation war dieses Unterfangen grundlegend falsch konzipiert, da es eine stets gleichbleibende Umwelt voraussetzte. Inzwischen, 70 Jahre später, werden die Löcher in der Ozonschicht immer größer; blonde Menschen sind anfälliger für Hautkrebs, und blaue Augen funktionieren bei sehr hellem Sonnenlicht weniger gut als braune. Wenn wir die Atmosphäre weiter schädigen, sind es möglicherweise irgendwann die dunkelhäutigen, dunkelhaarigen, dunkeläugigen Individuen, die gesund bleiben und mehr Kinder bekommen, während die Zahl der blauäugigen Blonden auf der Welt mit jeder Generation schrumpft, weil gesundheitliche Probleme in ihren jüngeren Jahren die Chancen auf Fortpflanzung beeinträchtigen.

Dass so etwas geschieht, ist natürlich unwahrscheinlich – nicht zuletzt, weil blauäugige, blonde Menschen im Allgemeinen in den Teilen der Welt leben, wo man sich Sonnenschutzcreme, Sonnenbrillen und eine qualifizierte Gesundheitsfürsorge leisten kann. Dennoch bleibt die Tatsache bestehen, dass die Nazis das Loch in der Ozonschicht nicht vorhersahen.

Auch wir können nicht in die Zukunft blicken und sind dennoch bereit, nach unseren Wünschen geformte Babys in die Welt von morgen zu setzen. Welche Kriterien legen wir ohne dieses Wissen unseren Entscheidungen zugrunde? Wenn wir über die Wahl der Augenfarbe oder Körpergröße unseres zukünftigen Kindes reden – denken wir dann wirklich darüber nach, was für das Kind am besten wäre, oder haben wir dabei vor Augen, wie wir selbst gerne in einer Gesellschaft ausgesehen hätten, die von körperlichen Stereotypen besessen ist? Sollte nicht die Wahl eines wirksameren Immunsystems für unser Kind eine höhere Priorität besitzen?

Auch wenn Designerbabys Realität werden und wir irgendwann in der Lage sein sollten, Gestalt und Eigenschaften des menschlichen Körpers zu beeinflussen (falls diese Form der unmittelbaren genetischen Manipulation gesellschaftlich akzeptiert wird), ist davon auszugehen, dass dies nur wenige Menschen in einigen eher wohlhabenden Ländern betreffen würde. Die Wahrscheinlichkeit ist gering, dass sich die Evolution des menschlichen Körpers auf diese Weise in näherer Zukunft weltweit beeinflussen ließe; es könnten sich jedoch örtlich begrenzte genetische Kastensysteme entwickeln – ein Szenario, das bereits von einigen Science-Fiction-Autoren ausgelotet wurde.

## Globalschaden

Beim Versuch vorherzusagen, in welche Richtung sich der menschliche Körper entwickeln wird, stoßen wir immer wieder auf dasselbe Problem. Die heutige Situation mit einer riesigen, über den gesamten Planeten ausgebreiteten Population unterscheidet sich grundlegend von den Umständen, die vorherrschten, als sich *Homo sapiens* aus einer kleinen Zahl an Individuen auf dem afrikanischen Kontinent entwickelte.

Was auch immer die körperliche Gestalt unserer Spezies beeinflussen sollte, müsste über unermessliche Entfernungen hinweg wirken und zahllose Personen betreffen. Zur Zeit sind wir nicht einmal in der Lage zu spekulieren, was das sein könnte.

Vielleicht müsste es schon mindestens eine globale Katastrophe sein – so etwas wie die Kollision mit einem Asteroiden oder einem Kometen oder eine gigantische Sonneneruption –, die die meisten Menschen auslöschen und nur kleine Populationen von Überlebenden hinterlassen würde, die dann die Erde wieder bevölkern könnten. Nur auf diese Weise ließe sich heute das Erscheinungsbild jedes einzelnen Vertreters unserer Spezies verändern. Sollten wir Glück haben, wird bei unserer Spezies in Zukunft also möglicherweise alles beim Alten bleiben – obwohl dies, da die Evolution nie schläft, auch eine naive Sichtweise sein kann.

Es sollte uns nicht überraschen, dass eine Vorhersage zur Entwicklung unseres Körpers unmöglich ist. Wir sind Teil des Lebens, und es gibt nichts Komplexeres als Lebewesen. Physik, Chemie, Geologie, Astronomie, ja sogar Meteorologie beschäftigen sich mit den einfachen Gegebenheiten der Natur. Die Biologie dagegen setzt sich mit außerordentlich komplexen Strukturen auseinander, die mit der Hilfe von physikalischen Gesetzen und Mathematik oft nicht vorhersagbar sind. In der Biologie gibt es zu viele Variablen, um Gewissheit zu erlangen. Wenn ich einen Stein fallen lasse, fällt er zu Boden. Wenn ich einen Vogel fallen lasse, weiß niemand, wo er landen wird.

# Die Evolution nicht-menschlicher Körper

Wir wollen dieses Kapitel der Spekulationen mit einer Reise ins Weltall beenden. Die Vielfalt der Lebensformen auf der Erde ist zwar riesig, aber auf anderen Planeten und ihren Monden herrschen wieder jeweils völlig andere Umweltbedingungen. Sogar innerhalb unseres eigenen Sonnensystems ist die Erde einzigartig. Wenn Biologen Vermutungen über mögliches Leben auf anderen Planeten anstellen, meinen sie unweigerlich Leben wie das auf der Erde, aber niemand kann wissen, wie Leben sonstwo in der Galaxie aussehen mag. In anderen Sternensystemen gibt es möglicherweise kristalline Lebensformen, die 10 000 Jahre alt werden können, oder molekulare Lebensformen mit Lebensspannen von Sekundenbruchteilen. Nicht nur unsere Unkenntnis des Universums schiebt unseren Vermutungen einen Riegel vor, sondern auch unsere Vertrautheit mit der Erde. Es ist schwierig für uns, über den eigenen Horizont hinauszuschauen.

Wenn dieses Buch uns irgendetwas lehren konnte, dann ist es die Tatsache, dass unser Körper das Ergebnis einer langen und komplexen Reise mit zahlreichen Richtungswechseln ist, die jeweils auch ganz anders hätten erfolgen können. Der Weg zu unserem heutigen Aussehen führte über: bilaterale Symmetrie, Kiefer und Zähne, Flossenpaare, vier Gliedmaßen, fünf Finger und Zehen, zwei Augen, Ellbogen und Knie, Hand- und Fußgelenke, das Leben auf Bäumen, vier Pfoten als Hände, Verlust des Schwanzes, aufrechtes Gehen sowie Hinterhände, die wieder zu Füßen wurden.

Dies wiederum sagt uns, dass außerirdische Lebewesen, wie immer sie auch aussehen mögen, auf keinen Fall kleine grüne Männchen oder mandeläugige „Greys" sind. Die Chance, dass eine andere Evolutionsgeschichte einen menschenähnlichen Körper erzeugt, ist praktisch gleich Null. Wir müssen uns nur andere Tierarten auf der Erde ansehen, um festzustellen, mit welcher Leichtigkeit die Evolution unterschiedliche Körperformen erschafft. Vergleichen wir nur einmal einen Menschen mit einem Oktopus oder einem Insekt oder einem Regenwurm oder einer Qualle. Nein – wenn eine fliegende Untertasse bei uns landen sollte und kleine grüne Männchen aussteigen, können wir hundertprozentig von zwei Dingen ausgehen: Sie stammen von der Erde und ihre Urahnen waren Fische.

So sehen Aliens nicht aus